UPCYCLING IM GARTEN

40 nützliche Ideen zum Selbermachen

Für Elisabeth

Beate Walther

UPCYCLING IM GARTEN

40 nützliche Ideen zum Selbermachen

Mit Fotografien von Susanne Casper-Zielonka

Ulmer

INHALT

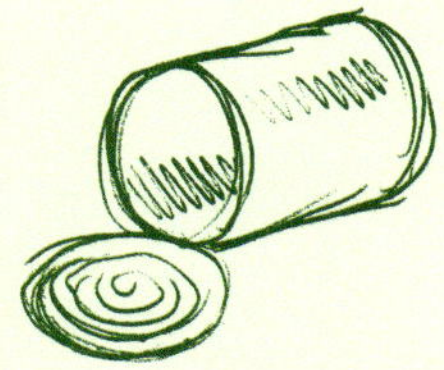

Aus Alt mach Neu 6
Werkzeuge und andere nützliche Dinge zum Upcyceln 10

KLEINE HELFER BEI DER GARTENPRAXIS 13

So starten junge Pflänzchen optimal ins Leben 14
Sammelschätze 18
Kunststoffschalen – Verpackungen von Obst & Gemüse 20
Joghurtbecher – erst schlecken, dann säen 22
Zeitungspapier – für Kurzzeittöpfchen 24
Papprollen – für Langwurzler 26
Tetrapaks – schützen, was gut ist 28
Eierkartons – Idee Nummer eins 30
Eierkartons – Idee Nummer zwei 32
PET-Flaschen – Pflanzglocken und mehr 34
Von Besteck bis Weinflaschen – allerlei Pflanzenschilder und Etiketten 36
Nylonstrumpfhosen – gar nicht kurz angebunden 40
Dosen für Bindegarn 42
Netzwerk – zum Stärken, Düngen und für den Pflanzenschutz 44
Siebe zum Trocknen von Saatgut 46
Samentüten aus Papier 48
In Sack und Tüten – Schutz im Winter 50

HÜBSCH BEPFLANZT: ORIGINELLE PFLANZGEFÄßE 53

Für Topfgärtner: Tipps zum Pflanzen und Pflegen 54
Sammelschätze 58
Korbgeflüster – ein Tablett blüht auf 60
Konservendosen 62
Holzsteigen und andere grüne Schatzkisten 64
Ab in die (Kunststoff-)Kiste! 66
Bäckerkisten & Co. 68

Alles im Eimer! 70
Stühle – Nehmen Sie Platz! 72
Kinderwagen – immer der Sonne nach 74

DEKO FÜR UND AUS DEM GARTEN 77

Fast alles ist geeignet 78
Sammelschätze 81
Glasflaschen als Vasen 82
Übertöpfe aus Jeans 84
Hemdsärmelig – Hussen für Töpfe und Vasen 86
Konservendosen – Dekoideen für den Garten 88
Florale Steckhilfen 90
Vogelscheuche 92
Futterflasche – alle Vögel sind schon da 94

GARTENELEMENTE: SCHÖN UND NÜTZLICH 97

Sammelschätze 98
Alles Paletti! 100
Früher, schneller, länger: Frühbeet aus alten Fenstern 102
Waschmaschinentrommel – Frisches Gemüse statt schmutziger Wäsche 104
Leitern, Treppen & Co. 106
Der runde Tisch 108
Hier geht's lang! – Wege aus Abfall 110
Wegebegrenzungen 112

SERVICE 115

Was find ich wo? 116
Zum Weiterlesen und Weiterklicken 117
Register 118

AUS ALT MACH NEU

Kaufen, nutzen, wegwerfen – so sieht in vielen Haushalten der Umgang mit Produkten aus. Warum jedoch etwas wegwerfen, habe ich mich häufig gefragt, wenn es noch zu etwas Nützlichem werden kann? Viele Alltagsgegenstände haben durchaus eine zweite Chance verdient. Umgangssprachlich nennen wir das Upcycling.

Aber eigentlich ist Upcycling nur ein moderner Begriff für das, was wir schon von unseren Großeltern kennen: die Wiederverwendung von Dingen zu einem neuen Zweck. Im Unterschied zu unseren Vorfahren gibt es in unserem Alltag Unmengen von Produkten, vor allem aus Kunststoff. Was liegt da näher, als etwas daraus zu machen?

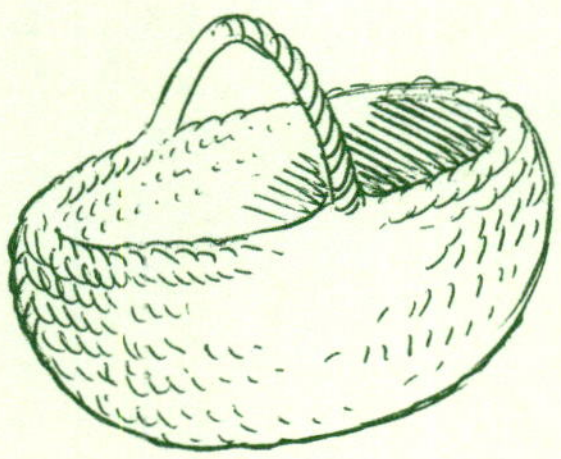

Flohmärkte bieten einen reichen Fundus an originellen Sammelschätzen.

Aufgrund der immensen Vielfalt an Erzeugnissen hat sich zudem unsere Wertschätzung für alte Handwerkskünste von Tischlern, Schmieden oder Korbmachern, die ihre Waren für eine lange Nutzungszeit angefertigt haben, geändert. Der Zusammenhang zwischen ausgesuchtem Material, fachmännischer Verarbeitung, Ästhetik und Langlebigkeit von Produkten ist uns fast völlig verloren gegangen. Selbst Holz wird nicht überall verantwortungsbewusst gewonnen. Wer altes Holz verwendet, upcycelt bereits vorhandenes wertvolles Material und trägt damit sogar zum Schutz bestehender Wälder bei.

Die Wiederverwertung ist einerseits eine Möglichkeit, um kostengünstige und originelle Gartenobjekte zu erschaffen, aber andererseits auch ein Statement für den bewussteren Umgang mit vorhandenen Dingen und unserer Umwelt.
Ich versuche so oft es geht, robuste Wertstoffe, die eigentlich auf dem Müll landen würden, auf besondere Weise im und für den Garten zu nutzen. Dieses Buch soll Gartenbegeisterten, Garteneinsteigern und Kindern anhand vieler Schritt-für-Schritt-Anleitungen zeigen, wie nützliche Anzucht- und Pflanzgefäße, Etiketten, Pflanzglocken und hübsche Gartendekorationen aus ausrangierten Alltagsdingen entstehen.

Omas Silberbesteck im Einklang mit der Natur.

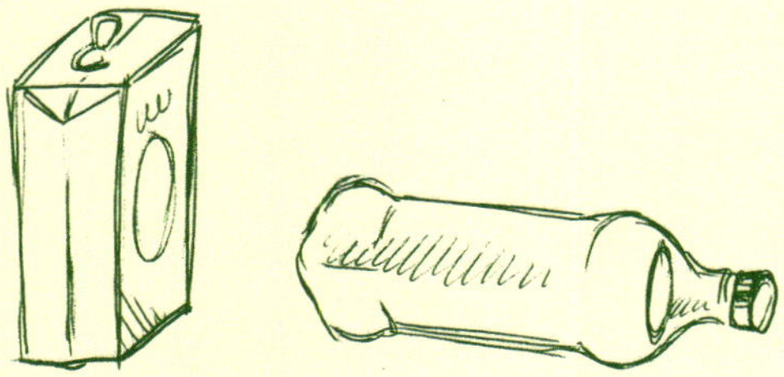

Aus scheinbar wertlosem Abfall auf kreative Weise Neues entstehen zu lassen, fordert und fördert die Fantasie. Vor allem Sammler laufen zur Hochform auf, wenn sie auf Flohmärkten, Haushaltsauflösungen oder im Sperrmüll nach geeigneten Objekten fahnden. Mit etwas Glück finden Nostalgie und Zweckmäßigkeit zusammen und es gelingt uns, Dinge vergangener Zeiten mit Vorleben und schönen Erinnerungen zu bewahren. Und zu Hause gibt es meist auch reichhaltige Auswahl, insbesondere an Kunststoffverpackungen. Bereiten wir sie für ihr zweites Leben im Garten vor!

Sie haben gar keinen Garten? Wie schön, dass das heute kein Grund mehr ist, auf die eigene Ernte zu verzichten. Sie können in Gemeinschaftsgärten und beim Urban Gardening jedes Fleckchen Erde nutzen, auch wenn es nicht die eigene Scholle ist. Joghurtbecher, PET-Flaschen und Tetrapaks werden nebst anderen ungewöhnlichen Gegenständen zur Anzucht und Bepflanzung von bunten Blumen und leckerem Gemüse umfunktioniert. Auch Sie werden einen Platz auf dem Balkon, vor der Haustür oder in einem Hinterhof finden, um mit einfachen Dingen und Pflanzengrün die Welt zu verschönern.

Viele Ideen aus diesem Buch können auch in Schulen und Kindergärten umgesetzt werden. Die Kinder bringen Alltagsdinge mit und werden dazu inspiriert, ihre eigene grüne Welt zu erschaffen. Gehen Sie mit ihnen auf Entdeckungsreise!

Der Sonne entgegen – ändern Sie mal den Blick auf Alltägliches.

Sie finden auf diesen Seiten nicht nur originelle Upcycling-Ideen, sondern auch professionelle Praxistipps rund um Aussaat, Anzucht, Pflanzung, Pflege und sonstigem Know-how im Garten. Checklisten geben einen Überblick, was sich lohnt zu sammeln. Wiederverwertung und biologisches Gärtnern machen nicht nur viel Spaß und unterstreichen die eigene Persönlichkeit, sondern schonen die Umwelt, Ressourcen und den Geldbeutel.

Erschaffen Sie Einzigartiges!
Viel Vergnügen dabei wünscht

Beate Walther

PS: Trotz aller Anregungen ist es natürlich immer noch die beste Lösung, möglichst keinen oder zumindest weniger Abfall zu produzieren. Stoffbeutel statt Plastiktüte, Mehrweg- statt Einwegverpackungen – versuchen Sie einfach, manche Dinge mehrfach und länger zu nutzen und bewusster zu konsumieren. Und lassen Sie sich überraschen, wie viel Ihnen Ihr Garten schenkt – und zwar ganz ohne Verpackung.

Küchenutensilien unterwegs in neuer Mission.

WERKZEUGE UND ANDERE NÜTZLICHE DINGE ZUM WERKELN

Neben Gartenschere, Hacke und Spaten gehört ein Akkubohrer zur Grundausstattung für viele Projektideen im Garten. Mit diesem Werkzeug kann nicht nur gebohrt, sondern auch geschraubt werden. Weil zum Schluss alles wieder sauber sein soll, sollten Sie Besen, Kehrschaufel und Lappen ebenfalls nicht vergessen.

Werkzeug und Zubehör	Wozu verwenden?
Bleistift, Lackstift oder wasserfeste Stifte	Beschriftung/Etikettierung, Anzeichnen
Handschuhe und Handcreme	Schutz der Hände vor Verletzungen
Besen, Kehrschaufel, Lappen	Aufräumen des Arbeitsplatzes
Zollstock, Maßband, Lineal	Abmessen von Längen
Draht, Schnüre, Bänder	Befestigung, Zusammenbinden verschiedener Materialien
Nähmaschine, Nadeln, Garn	Näharbeiten von Stoffen
Heißklebepistole	Kleben verschiedener Materialien
Tacker	Befestigung von Folien und Stoffen
Brotmesser	Zerschneiden von PET-Flaschen
Cuttermesser, Schneidemaschine	Papiere schneiden, Folien durchtrennen
Zange, Haushaltsschere, Dosenöffner	Draht und Schnüre einkürzen, zerschneiden, Verpackungen öffnen etc.
Pinsel, Grundierung, Farbe oder Lack	Aufbringen von Anstrichen als Wetterschutz oder Deko
Paper Potter oder kleine Gläser	Herstellen von Anzuchttöpfchen aus Zeitungspapier
Hammer, Nägel, Winkelverbinder	Holzarbeiten
Hand- oder Kreissäge	Zuschnitt von Palettenholz
Akkubohrer oder Bohrmaschine mit verschiedenen Bohrern für Holz, Metall und Kunststoff	Wasserabzugslöcher in Gefäße bohren, Holz- und Metallverbindungen lösen und befestigen, Holzarbeiten
Schaufel, Spaten, Hacke	Auskoffern von Wegeflächen

LOS GEHT'S

KAPITEL 01

KLEINE HELFER BEI DER GARTENPRAXIS

Eine gute Kinderstube legt den Grundstein für gesunde, widerstandsfähige Pflanzen. Das Aufgehen der Saat gleicht einem Abenteuer: Heute noch nichts zu sehen, einige Zeit später schieben sich bereits erste grüne Spitzen durch die Erde. Schauen Sie einmal genau hin! Das Beobachten der Pflanzen schärft die Wahrnehmung für deren Ansprüche – und Ihren Sammlerblick für Dinge, die Ihren Schützlingen nützlich sein können.

SO STARTEN JUNGE PFLÄNZCHEN OPTIMAL INS LEBEN

Wer leckeres Gemüse und gesunde Kräuter selbst anbauen und bunte Sommerblumen sprießen lassen will, benötigt einige Grundutensilien von Anzuchtgefäßen bis hin zu Abdeckhauben und Pflanzenschildern. Wie schön, dass Sie dafür allerlei ausgemusterte Alltagsgegenstände herausnehmen und wiederverwenden können. Für optimales Gedeihen sorgen beste Erde und gutes Saatgut. Nun braucht es nur noch ein paar Tipps aus der Praxis zu Anzucht, Pflege und Ernte – schon haben wir den Salat! Und den lassen Sie sich bitte vorzüglich schmecken.

UTENSILIEN FÜR DEN PFLANZENSTART

- Aussaat- und Pikiererde (aus dem Fachhandel)
- Sand (Spielplatzsand aus dem Baumarkt) zum Abdecken von Saatgut oder zum Mischen mit feinem Samen, um ihn gleichmäßig verteilen zu können
- Saatgut bzw. Sämlinge
- Andrückbrett, damit die Samen guten Bodenschluss bekommen, alternativ eine Papprolle
- Gartensieb (Maschenweite 4–6 mm), alternativ Kinderspielzeugsieb
- Pikierstab
- Wasserfeste Stifte oder Bleistifte zum Beschriften
- Etiketten zum Beschriften
- Sprühflasche
- Gießkanne mit feiner Brause

Anzuchterden

Für einen guten Start ins Pflanzenleben spielt die Wahl der Erde eine wichtige Rolle. Aussaaterde, die es auch unter genau diesem Namen zu kaufen gibt, ist locker, feinkrümelig, luft- und wasserdurchlässig und – ganz wichtig – nährstoffarm. Samen besitzen unter ihrer Schale selbst genügend Nährstoffe und brauchen daher zum Keimen keinen Dünger. Erst wenn die Sämlinge ihren eigenen Proviant aufgebraucht und feine Wurzeln ausgebildet haben, werden sie in etwas kräftigere, sprich mit Nährstoffen angereicherte Erde pikiert. So kann der Pflanzennachwuchs Schritt für Schritt gesunde Wurzeln ausbilden und dabei zu kräftigen Jungpflanzen heranwachsen.

Wird im Frühbeet oder im Freien ausgesät, sollte die Erde ebenfalls locker und feinkrümelig, aber bereits nähstoffreich sein und einen hohen Humusanteil aufweisen.

Saatgut

Haben Sie sich für eine Gemüse-, Kräuter- oder Blumenart entschieden, dann geht es an die Wahl der Sorte. Sie entscheidet über frühe, mittelspäte oder späte Blüte bzw. Ernte, Blüten- und Blattfarbe und ob die Pflanze für die Anzucht im Kübel oder im Beet, für das Frühbeet oder die Freifläche geeignet ist. Informationen dazu liefern die Hinweise auf der Samentüte.

LOS GEHT'S

Aussaat

Pflanzen werden in Dunkel- und Lichtkeimer eingeteilt, Hinweise dazu gibt die Samenpackung. Wie die Namen vermuten lassen, brauchen es die einen Samen dunkel, um zu keimen, die anderen wollen unbedeckt im Hellen ihre Triebspitze aus dem Samenkorn schieben. Samen von Dunkelkeimern, wie Kürbis, Zucchini und Tomate, werden mit Erde bedeckt.

Als Faustregel kann man sagen: Sieben Sie vorsichtig so viel Erde darüber, wie der Samen dick ist. Lichtkeimer dagegen, wie Salate, Basilikum und Ringelblumen, sollten Sie bei der Aussaat nicht mit Erde bedecken, sondern nur sanft andrücken, damit die Samen guten Bodenkontakt bekommen. Vorsichtiges Angießen, damit nichts wegschwemmt, oder noch besser leichtes Besprühen mit Wasser sowie das Beschriften der Töpfchen nicht vergessen.

Wässern und schützen

Anfangs sollte Aussaaterde ausreichend feucht sein, damit das Quellen der Samen ungestört vonstattengehen kann. Sobald sich Keimlinge gebildet haben, darf die Erde nicht austrocknen, aber auch nicht zu nass sein. Optimal ist, Sie gießen mit sauberem, abgestandenem, handwarmem Regenwasser.

Ein förderliches Klima lässt sich durch anfängliches Bedecken der Aussaatgefäße mit feuchter Zeitung, transparenter Folie, Duschhauben, PET-Flaschen oder Einweckgläsern erzielen. Zweckmäßig ist auch eine handliche Glasplatte.

Der beste Standort für Pflanzenkinder

Wegen der besseren Lichtverhältnisse ist ein helles sonniges Fenster am besten geeignet. Für genügend Licht sollten Sie die Sämlinge so nah wie möglich am Fenster aufstellen. Gegen starke Sonneneinstrahlung ist es ratsam, die Sämlinge in der Mittagszeit mit Zeitung zu beschatten. Für das Frühbeet haben sich alte Bambusrollos bewährt.

Die Guten ins Töpfchen: Pikieren

Pikieren bedeutet, die Sämlinge werden vereinzelt. Sie erhalten einen größeren Standraum und neue Erde, damit sie optimal mit Licht, Luft und Nährstoffen versorgt werden. Pikierstäbe sind im Handel entweder aus Holz oder farbigem Kunststoff erhältlich. Sie können aber auch andere Dinge zweckentfremden: Meine Favoriten sind selbst angespitzte Holzstäbe von Wickeldrahtrollen. Sie sehen gut aus und haben die richtige Länge.

WÄSSERN

WANN PIKIEREN?

Viele Jungpflanzen können bereits nach sieben bis zehn Tagen pikiert und in größere Gefäße eingepflanzt werden. Die Keimblätter des Sämlings sollten voll ausgebildet sein.

Verwenden Sie nur kurze, gedrungene und gesunde Pflanzen. Sogenannte vergeilte, lange dünne Jungpflanzen gehören auf den Kompost.

SO GEHT'S

- Erde in Anzuchtgefäße einfüllen, mit den Fingerspitzen etwas andrücken.
- Gefäße auf den Arbeitstisch aufstoßen, damit sich die Erde setzt.
- Mit dem Pikierstab Sämlinge einzeln oder im Büschel vorsichtig aus der Anzuchtschale heben.
- Die Wurzeln mit den Fingernägeln um etwa ein Drittel der Länge einkürzen, um das Wurzelwachstum anzuregen.
- Mit dem Pikierstab in der Mitte eines jeden Gefäßes oder in gleichmäßigen Abständen bei größeren Gefäßen ein Loch einstechen.
- Die Sämlinge vorsichtig in das Pikierloch setzen. Beachten Sie dabei, dass die Wurzeln nicht abbrechen oder sich umbiegen. Die Keimblätter sollten kurz über der Erde aufliegen.
- Die Sämlinge mit dem Pikierstab oder mit den Fingerkuppen gut andrücken. Vorsichtig angießen.
- Pikierte Pflanzen die ersten Tage an einem schattierten Ort aufstellen. Geeignete Untersetzer oder andere Unterlagen nicht vergessen.

SONDERFÄLLE

Tomaten können Sie tiefer pikieren, sie bilden dann mehr Wurzeln aus. Bohnen und Kürbisgewächse säen Sie am besten gleich in größere Gefäße aus. Bei ihnen entfällt das Pikieren.

SAMMELSCHÄTZE

Warum im Gartenmarkt nach Anzuchthilfen Ausschau halten, wenn im Haushalt genügend Joghurtbecher, Konservendosen, Marmeladengläser und Tetrapaks zur Verfügung stehen? Am besten beim Aufräumen der Küche die nützlichen Helfer für die Gartenpraxis gleich säubern und sammeln. Als gärtnerische Grundausstattung eignen sich die in der Liste aufgeführten Dinge. Aber natürlich sind Ihrer Fantasie keine Grenzen gesetzt.

Was sammeln?	Wozu verwenden?
Besteck aus Metall, Holz, Plastik	Etiketten und Pflanzenschilder
Eierkartons, Eierpaletten	Aussaat- und Anzuchtgefäße, zum Vorkeimen für Kartoffeln
Gläser mit und ohne Deckel	Aufbewahrung von Bindegarn und Saatgut, Seifenspender, Stecklingsvermehrung
Holzspulen von Drahtrollen	Pikierholz, Aufbewahrung von Bindegarn
Kleiderbügel aus Draht	Halterung für Bindematerial
Kupferringe	Schneckenschutz
Metalldosen mit und ohne Deckel	Aufbewahrung von Bindegarn und Etiketten
Netze von Kartoffeln und Zwiebeln	Herstellung von Jauchen und Brühen, Haltenetz für Melonen
Obst- und Gemüseverpackungen aus Holz und Kunststoff	Aussaat- und Anzuchtgefäße
Papprollen von Küchen- und Toilettenpapier	Aussaat- und Anzuchtgefäße, zum Bleichen von Lauchstangen
PET-Einwegflaschen	Aussaat- und Anzuchtgefäße, Stecklingsvermehrung, Bewässerungshilfe, Sprühflaschen
Silicagel (liegt oft in Schuhkartons bei)	Samenlagerung, nimmt als Trocknungsmittel Feuchtigkeit der Umgebungsluft auf
Strumpfhosen, Strümpfe	Anbindematerial, Fruchtastbeschwerer
Tetrapaks von Milch, Saft und Mineralwasser	Aussaat- und Anzuchtgefäße, in Streifen geschnitten als Etiketten
Transparente Folien, Tüten, Duschhauben	Abdecken der Aussaaten
Zeitungen, Packpapier, Buchseiten	Aussaatgefäße

OMAS LÖFFELSCHILDER

Kunststoffschalen

Verpackungen von Obst & Gemüse

Ob Champignons, Feldsalat oder Kiwis – viele Produkte werden in Kunststoffschalen verpackt. Aufgrund ihrer handlichen Größen und meist mit Löchern versehenen Böden eignen sich diese Schalen ideal zur Anzucht von Gemüse und Kräutern. Sie sind im Nu mit Erde befüllt und lassen sich oft noch ein weiteres Mal verwenden. Besonders praktisch sind Schalen mit Deckel, die wie kleine Gewächshäuser funktionieren und an passenden Orten einfach platziert werden können.

SCHNELLE ERNTE

Säen Sie regelmäßig Asiasalate wie 'Baby Leaves', Schnittsalate oder Sprossen aus und bereits nach wenigen Wochen können Sie sogar aus der Aussaatschale ernten. So haben Sie immer frisches Grün für Salate, Smoothies oder einfach nur auf's Butterbrot.

SO GEHT'S

- Die Schale an sich muss nicht weiter vorbereitet oder bearbeitet werden.
- Gefäß mit Aussaaterde befüllen und mit der Handfläche, einem Andrückbrett oder einer Papprolle leicht andrücken, sodass eine ebene Fläche entsteht.
- Samen gleichmäßig in Breitsaat, Reihe oder als Einzelkorn in Anzuchterde säen bzw. legen, leicht andrücken.
- Samen mit gesiebter Erde in Saatgutstärke bedecken. Lichtkeimer nicht bedecken!
- Alles gut angießen.
- Entweder transparenten Deckel, Duschhaube oder Folie über die Schale legen.
- Anzuchtschale auf geeigneten Untersetzer, z.B. Tabletts, stellen.
- Aussaat an einem hellen, warmen Platz keimen lassen.

WEITERGEDACHT

Zu Beginn der Gartensaison werden in Gartencentern und Supermärkten Stiefmütterchen und andere beliebte Frühjahrsblüher in zumeist 6er- oder 10er-Trays aus Kunststoff angeboten. Topf an Topf – das ist eine praktische Erfindung, wenn man mehrere Pflanzen auf einmal transportieren möchte. Sie lassen sich prima ein zweites oder gar drittes Mal als Kinderstube für die Anzucht von Gemüsepflanzen verwenden.

JOGHURTBECHER

ERST SCHLECKEN, DANN SÄEN

Wer nicht konsequent Glasverpackungen kauft, kann übers Jahr sicherlich auf jede Menge Joghurtbecher zurückgreifen. Die schlichten weißen sind nicht gerade hübsch, aber als Anzuchtgefäße durchaus praktikabel. Die kleinen bunten Becher sehen dagegen dekorativ aus und können sogar auf einer Kindergeburtstagstafel Platz finden.

Nachwuchsgärtner

- Pausenjoghurt auslöffeln
- Becher ausspülen
- mit Erde füllen
- z.B. Kresse aussäen
- Becher auf die Fensterbank stellen
- angießen und beobachten
- nach Bedarf vorsichtig gießen
- nach wenigen Tagen oder Wochen eigenes frisches Grün ernten und das Butterbrot damit bestreuen. Lecker!

So geht's

- In den Boden der Joghurtbecher mit Messer oder Schere jeweils ein Loch einstechen, damit später das Wasser abfließen und keine Staunässe entstehen kann.
- Wer die Becher nicht einschneiden möchte, muss beim Gießen unbedingt aufpassen, dass die Erde nicht zu nass wird.
- Anzuchterde in die Joghurtbecher füllen und kurz aufstoßen, damit sich die Erde gleichmäßig verteilen kann.
- Nun können Sie in die Töpfchen aussäen oder bereits gekeimte Sämlinge dort hinein pikieren.
- Zum Schluss vorsichtig angießen, Aussaaten evtl. mit einer Folie abdecken und an einem hellen, warmen Ort aufstellen.

Sonnenblumen to go

Stellen Sie sich vor, dass alle Kaffee-to-go-Trinker ihre leeren Becher mit Erde und einem Sonnenblumenkern befüllen würden. In jeder Stadt könnte man Zigtausend Sonnenblumen bewundern.

ZEITUNGSPAPIER FÜR KURZZEITTÖPFCHEN

Ich mag es, wenn auf dem Markt Blumensträuße in alte Zeitungen verpackt werden. Zeitungspapier ist erstaunlich robust, wenn es trocken ist – es lässt sich wunderbar in praktische Anzuchttöpfe verwandeln. Mit einem Paper Potter, einem faustgroßen, zylindrischen Stempel mit Untersetzer aus Holz, geht es kinderleicht. Die Töpfe werden später mit ins Beet ausgepflanzt und das Papier verrottet in der Erde.

PURE NOSTALGIE

Für dekorative Nostalgie sorgen alte Buchseiten, Packpapier, fremdsprachige Zeitungen oder botanische Zeichnungen. Der bildschöne Anblick der Anzuchttöpfe verkürzt das Warten auf die ersten grünen Spitzen. Also machen Sie sich das Gärtnern noch schöner!

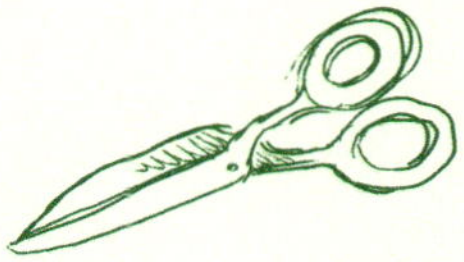

SO GEHT'S

- Reißen oder schneiden Sie sich genügend etwa A5-große Stücke Zeitungspapier vor.
- Wickeln Sie die Zeitung ungefähr zweimal so um den Stempel des Paper Potters, dass unten etwa 1–2 cm Zeitung überstehen.
- Überstehendes Papier nach innen einklappen, mit dem Stempel drehend in den Untersetzer drücken.
- Papiertöpfe mit Anzuchterde befüllen und in ein Tablett o. Ä. stellen.
- Jeweils ein Samenkorn in einen Papiertopf legen und mit etwas Erde abdecken (Lichtkeimer nicht bedecken) bzw. einen Sämling pikieren.
- Aussaat bzw. Sämlinge vorsichtig angießen.
- Papiertöpfe sollten nie zu nass stehen, damit sie sich nicht vorzeitig auflösen.

- Wenn die Wurzeln durch die Zeitung durchgewachsen sind, ist es höchste Zeit zum Umzug der Sämlinge in größere Töpfe bzw. ins Beet.

AUCH OHNE PAPER POTTER

Anleitungen für viereckige Papiertöpfe gibt es im Internet. Alternativ lassen sich kleine Glasflaschen von Kondensmilch zum Wickeln der Töpfe verwenden. Den Überstand des Papieres auf einer festen Unterlage, z.B. dem Tisch, zusammendrücken.

PAPPROLLEN

FÜR LANGWURZLER

Papprollen sind wunderbare Helfer bei der Anzucht von Pflanzen mit großen Samenkörnern und langen Wurzeln wie Bohnen, Erbsen und Wicken. Der Vorteil von Toilettenpapierrollen liegt in ihrer Länge von etwa 15 cm.

Die Papprollen von Küchentüchern müssen erst passend zugeschnitten werden. Aber in allen finden Anzuchterde sowie Sämereien oder Sämlinge im Handumdrehen ihren Platz und können loslegen.

SCHICKE KRAGEN

Möchten Sie gern schöne weiße, gebleichte Lauchstangen ernten, haben aber keine Zeit zum Anhäufeln? Dann stülpen Sie jeweils Papprollen von etwa 12 cm Länge über Ihre Pflanzen, sodass sie an dieser Stelle kein Licht abbekommen.

SO GEHT'S

- Jede Menge Papprollen sammeln.
- Stellen Sie sie in ein ebenes Gefäß hinein, damit die Erde unten nicht herausfallen kann. Dicht an dicht sind sie auch vor dem Umkippen sicher.
- Anzuchterde gleichmäßig in die Papprollen einfüllen und zwischendurch aufklopfen, damit sich die Erde besser verteilt.
- In jede Papprolle jeweils ein Samenkorn legen und mit Erde bedecken bzw. einen Sämling pikieren.
- Angießen, Aussaaten zusätzlich mit Folie abdecken.
- Rollen an einen hellen, warmen Ort stellen.
- Beim Auspflanzen die Papprollen nur aufreißen, aber nicht entfernen.

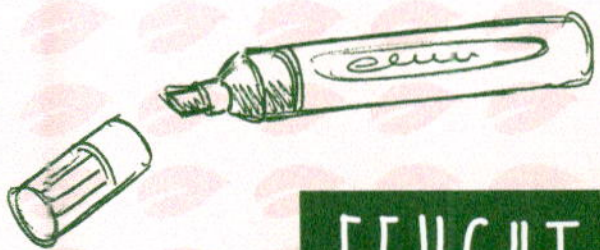

FEUCHT, ABER NICHT KLITSCHNASS

Achten Sie darauf, dass die Papprollen genügend feucht, aber nicht zu nass stehen, damit sich keine Pilze an der Oberseite der Rollen ansiedeln. Falls es doch passiert ist, die Papprolle bei der Pflanzung ganz entfernen.

TETRAPAKS SCHÜTZEN, WAS GUT IST

Milch- und Saftverpackungen können im Nu zur Kinderstube von Tomaten & Co. oder zu platzsparenden Pflanzgefäßen umfunktioniert werden. Sie sind handlich, wasserdicht und durch ihre meist eckige Aufstellfläche sehr funktional. Ob für die eigene Fensterbank oder als nettes Mitbringsel für Freunde – bunte Tetrapaks sind schnell bepflanzt.

VERTIKALER GARTEN

Das ist mal etwas anderes: Hängen Sie jede Menge Tetrapaks platzsparend mit Kabelbindern übereinander an stabile Zäune oder Stahlmatten. Setzen Sie in die obere Reihe Pflanzen, die mit wenig Wasser auskommen, und in die unteren Reihen Exemplare, die eine gute Wasserversorgung brauchen.

SO GEHT'S

- Getränkekartons und andere Tetrapaks sammeln und möglichst immer gleich ausspülen, damit nichts schimmeln kann.
- Mit einem Messer oder Schere je nach Pflanzengröße nur den Deckel oder das obere Drittel der Verpackung abschneiden.
- Bei größeren Kartons füllen Sie eine Schicht Blähton als Dränage ein, so wird Staunässe vermieden, darüber kommt gleichmäßig Anzucht- oder Pflanzerde.
- Samen in die Erde legen oder eine selbst gezogene Jungpflanze in den Karton pflanzen und gut angießen.
- Pflanzenetikett beschriften und in die Erde stecken.
- Aus den Resten können Sie Tetrapak-Streifen für die Beschriftung von Aussaatkisten machen: An einer Seite spitz zulaufend zugeschnitten und mit einem wetterfesten Stift beschriftet, sind sie fix in die Erde gesteckt.

WEITERGEDACHT

Die Kartons können auch je nach Größe und Geschmack entweder an der Oberseite oder an einer Seitenfläche mit einem großen oder bis zu drei kleineren „Fenstern", sprich Pflanzlöchern, versehen werden.

EIERKARTONS

IDEE NUMMER EINS

Eierschachteln und -pappen dürfen aus hygienischen Gründen im Handel nur ein einziges Mal zur Verpackung von Eiern verwendet werden. Wie schön, dass sich die Kartons oder Platten aus Pappe besonders gut als Anzuchttöpfe für Salate eignen. Sie sind eine prima Alternative zu Torftöpfen.

TORF ODER NICHT TORF?

Torf ist ein knapper, ökologisch wertvoller, schützenswerter Rohstoff. Im Fachhandel werden torfreduzierte und torffreie Erden aus hochwertigen Torfersatzstoffen angeboten. Ob mit oder ohne Torf – entscheiden Sie sich immer für Erden in bester Qualität.

SO GEHT'S

- Eierkartons mit Anzuchterde befüllen.
- In jede Eierkartonwabe jeweils ein Samenkorn legen und mit etwas Erde bedecken bzw. Sämling pikieren. Vorsichtig angießen.
- Wenn Wurzeln durch die Waben schauen, sollten die Sämlinge bzw. Jungpflanzen in größere Töpfe bzw. ins Beet gesetzt werden.
- Kurz vor dem Auspflanzen einzelne Waben abreißen, die Eierkarton-Pappe etwas auseinanderzupfen und das Pflänzchen mit der kompostierbaren Wabe in den Boden pflanzen.

EIERKARTONS

IDEE NUMMER ZWEI

Eine gute Figur als Anzuchttöpfchen zu machen, ist nicht das einzige Talent der Eierkartons. Sie bieten mit ihren einzelnen Rundungen optimale Liegepolster für Kartoffelknollen, die vortreiben sollen. Durch das Vortreiben bilden sich Keime, die für einen Wachstumsvorsprung von zwei bis vier Wochen sorgen.

SORTENVIELFALT

Mögen Sie es bunt auf dem Teller? Dann probieren Sie alte Kartoffelsorten in Creme, Rosé, Violett oder Blau. Sie sind zwar nicht gleichmäßig rund wie im Supermarkt, aber unschlagbar lecker. Bon Appetit!

SO GEHT'S

- Füllen Sie die Kartonwaben mit etwas Pflanzerde, damit sich erste Wurzeln bilden können.
- Legen Sie die Kartoffeln möglichst einlagig in die Kartons. Ab und zu mit Wasser besprühen.
- Knollen bei 12–15 °C und viel Licht, aber keinem direkten Sonnenlicht, aufstellen, bis sich Keime gebildet haben.
- Ab Bodentemperaturen von 7 °C können Sie die Kartoffeln in mit Erde gefüllte Reissäcke, Kunststoffeimer oder in den Boden pflanzen. Bei Spätfrost sollten Sie austreibende Kartoffeln mit Vlies abdecken.

PET-FLASCHEN

PFLANZGLOCKEN UND MEHR

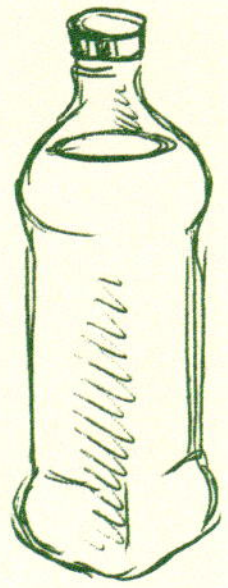

Abdeckhauben aus halbierten PET-Flaschen sind schnell gemacht. Am besten sind natürlich die oberen Teilabschnitte, da sie einen Deckel haben. Dieser lässt sich bei Bedarf öffnen und sorgt bei Sonneneinstrahlung für ausreichende Belüftung. Pflanzglocken eignen sich für den Pflanzennachwuchs auf der Fensterbank und als praktischer Kälteschutz empfindlicher Pflanzen im Beet.

SO GEHT'S

- Für Pflanzglocken möglichst große PET-Flaschen sammeln. Je größer der Querschnitt der Flaschen, desto mehr Raum für die Pflanzen.
- Flaschen längs hinlegen und in der Mitte mit einem langem Brotmesser oder einer Säge zerschneiden.
- Flaschenhälften jeweils über eine Jungpflanze stülpen.
- Bei starker Sonneneinstrahlung den Flaschendeckel öffnen. Pflanzglocken ohne Deckel gegebenenfalls von der Pflanze nehmen oder mit einem untergelegten Stein zwischen Flasche und Boden für Durchlüftung sorgen.

WEITERGEDACHT

Alte Weckgläser lassen sich genauso gut als Pflanzglocken einsetzen. Ihr Vorteil: Sie sehen etwas schicker aus. Bei starker Sonneneinstrahlung „schwitzen" allerdings die Pflanzen darin. Dann entweder abdecken oder einen Stein zwischen Erde und Glas legen.

PET-FLASCHEN KÖNNEN NOCH MEHR …

- Sie können die Flaschen auch als Wasserreservoir nutzen. Dazu den Boden einer Flasche herausschneiden. Den Flaschenhals ohne Schraubverschluss in die Erde von Pflanzkübeln stecken und mit Wasser füllen:
- Um PET-Flaschen als Sprühhilfe zu verwenden, stechen Sie mit einer stabilen Nadel Löcher in den Deckel. Übrigens gibt es im Internet für beide Varianten spezielle Flaschenaufsätze zum Aufschrauben.
- Auch als Schutz vor Schneckenfraß lassen sich PET-Flaschen gut nutzen: Einfach etwa 8–10 cm hohe Ringe ausschneiden und um die zarten Jungpflanzen legen.

Von Besteck bis Weinflaschen

Allerlei Pflanzenschilder und Etiketten

Etiketten sind ein Muss, will man wissen, was man wann ausgesät oder pikiert hat. Und mit schöner Handschrift geschriebene Namensschilder und Botschaften machen noch mehr Spaß beim Gärtnern. Individuelle Noten geben Schriftzüge auf Flaschen, Schiefertafeln, Tonscherben, Tontöpfen, Holzlatten oder Besteck. Gabeln, Messer und Löffel passen am besten zu Kräuter- und Gemüsepflanzen.

SCHREIBZEUG

Achten Sie auf wasserfeste Stifte, die es in vielen verschiedenen Farben gibt. Beschriftungen in Weiß, Gold und Silber sehen besonders edel aus. Für einfache Aussaatschilder aus Holz oder Tetrapak-Kartons reichen Bleistifte.

Besteck

- Alte Besteckteile oder Einwegbesteck der letzten Party sammeln und beschriften. Bei Naschgemüse und Salatkräutern wirken Messer, Gabel und Löffel besonders verführerisch.

Glasflaschen auf Stäben

- Etiketten von den Flaschen entfernen.
- Die Flaschen mit einem weißen, wasserfesten Stift mit dem Namen der Pflanze und auf Wunsch auch Aussaattermin o. Ä. beschriften.
- Kopfüber auf Stäbe aus Eisen oder Holz stecken.
- Mit weißen, grünen, braunen oder blauen Flaschen haben Sie genug Auswahl, um die Blütenpracht im Garten farblich zu unterstützen.

Schieferplatten

- Schwarze Schieferplatten mit weißer Beschriftung erinnern sofort an Schultafeln. Auf ihnen lässt sich einiges an botanischem Wissen vermerken.
- Mit einem Loch versehen können die bei Baufirmen und Dachdeckern erhältlichen Platten an einem Metall- oder Holzstab aufgehängt werden. Oder Sie stecken sie direkt in den Boden.

WEITERGEDACHT

Statt handschriftlich, können Pflanzennamen und Daten auch durch Einstanzen spezieller Stempel aufs Schild kommen. Dafür gibt es im Fachhandel entsprechende Schlagbuchstaben.

NYLONSTRUMPFHOSEN

GAR NICHT KURZ ANGEBUNDEN

Erzählungen zufolge können Damenstrümpfe aufgrund ihrer hohen Elastizität, Reißfestigkeit und Robustheit als Ersatz für einen gerissenen Keilriemen dienen. Diese Eigenschaften lassen sich auch im Garten nutzen: zum Anbinden von Pflanzen beispielsweise. Zudem besitzen Strumpfhosen eine hohe Saugfestigkeit. Mit etwas Wasser lassen sich im Nu die Glasscheiben eines Frühbeets oder Gewächshauses putzen.

WEITERE IDEEN MIT STRÜMPFEN

- Für originelle Pflanztaschen können Sie alte Strumpfhosen mit Erde füllen, die Enden abbinden und Löcher einstechen. Pflanzen einsetzen und Pflanztasche aufhängen.
- Damit Äpfel- und Kirschbäume mehr Früchte tragen, sollten die unteren Äste waagerecht stehen. Stecken Sie Steine in Strumpfhosen oder lange Strümpfe und hängen sie diese an die Äste (Bilder links). Das sieht cool aus und sorgt für mehr Früchte.
- Strumpfhosen lassen sich auch mit Laub befüllen und als Winterschutz um empfindliche Pflanzen legen.

SO GEHT'S

- Strumpfhose entweder in lange Streifen schneiden oder im Ganzen verwenden.
- Mit passender Häkelnadel aus den Streifen oder den kompletten Strumpfhosen Luftmaschen häkeln, bis die passende Länge oder das Ende der Strumpfhose erreicht ist, bei Bedarf Ende verknoten.
- Mit einer Schlaufe, die wie eine liegende Acht aussieht, die Pflanze an einem Pfahl anbinden, die Nylonschnur dabei leicht schräg abfallend zur Pflanze ausrichten, damit Regenwasser besser abfließen kann

WEITERGEDACHT

Einzelne Strümpfe können mit Erde befüllt und mit Wasserpflanzen bepflanzt werden. Dadurch wird im Teich die Erde nicht so leicht aus dem Wurzelballen gespült.

DOSEN FÜR BINDEGARN

Auseinandergefallene Stauden, zu lange Tomatenpflanzen, Kletterrosen im Weg – wo ist nur die Schnur, wenn man sie braucht? Als äußerst praktische Aufbewahrungsorte erweisen sich hübsche Dosen oder Gläser mit Deckel.
Am besten sind übrigens Bindeschnüre aus Naturmaterialien wie Sisal, Hanf oder Naturbast. Sie sehen nicht nur unauffällig aus, sie können auch im Gegensatz zu Kunststoffschnüren unbesorgt kompostiert werden.

NICHT ZU FEST BINDEN

Mithilfe einer Schlaufe, die wie eine liegende Acht aussieht, lassen sich Tomaten, Paprika und andere empfindliche Pflanzen besonders schonend an Pfähle anbinden.

SO GEHT'S

- Nehmen Sie den Deckel von der Dose oder dem Glas und bohren Sie mit der Bohrmaschine und einem Metallbohrer in der Mitte des Deckels ein Loch.
- Füllen Sie die Dose mit Schnur oder Wolle.
- Fädeln Sie den Anfang des Bindemateriales von unten nach oben durch das Loch im Deckel, sodass der Fadenanfang ein Stück herausschaut.
- Nun können Sie den Deckel wieder auf die Dose oder das Glas schrauben.
- Das Bindematerial wird durch das Deckelloch gebremst, sodass die Spule immer stramm bleibt und sich nicht von allein abwickelt.
- Schere oder Messer zum Abschneiden griffbereit halten.

SCHÖNE HÄNDE

Mit einer Pumpe für Seifenspender können Sie im Inneren mit Kunststoff beschichtete Dosen oder auch schöne Gläser in stilvolle Dosierhilfen für Flüssigseife verwandeln. Zur Pflege reiben Sie Ihre Gärtnerhände nach dem Waschen mit einer Mischung aus Zucker und Olivenöl ab.

NETZWERK

ZUM STÄRKEN, DÜNGEN UND FÜR DEN PFLANZENSCHUTZ

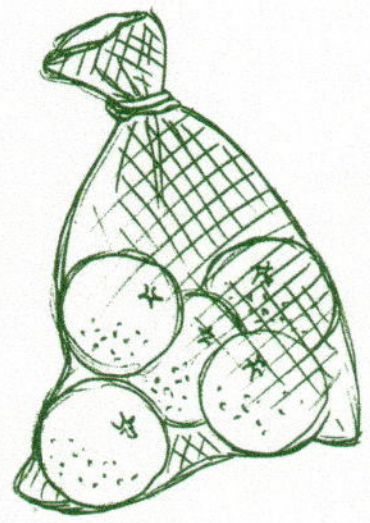

Größere Früchte wie Apfelsinen, Mandarinen, Zitronen, aber auch Zwiebeln oder Kartoffeln werden für den Handel in Netzen verpackt. Die bunten Maschen lassen sich gut ein zweites Mal verwenden. Mit Blättern von Brennnesseln, Beinwell oder Schachtelhalm gefüllt eignen sie sich perfekt zur Zubereitung von Jauchen. Der selbst angesetzte Sud stärkt, düngt und schützt Ihre Pflanzen auf ökologisch unbedenkliche Art und Weise.

NETZE FÜR VIELE GELEGENHEITEN

Wenn auf Balkonien kein Stroh zur Hand ist, dann legen Sie doch Netze um Ihre Erdbeerpflanzen. Die Früchte bleiben sauber, liegen trocken und können gut ausreifen. Sie können Sie Netze auch zum Sichern schwerer Früchte nehmen, wie beispielweise von Kürbis, damit diese nicht durch ihr Gewicht ganze Triebe von der Pflanze abbrechen.

SO GEHT'S

- Sammeln Sie Blätter von Brennnesseln (hoher Stickstoffgehalt), Beinwell (hoher Kaliumgehalt) oder Schachtelhalm (hohe Kieselsäuregehalt) und schneiden Sie sie klein.
- 1 kg frische Blätter in ein Obst- oder Gemüsenetz füllen und zubinden.
- Netz in einen Eimer mit etwa 10 l kaltem Regenwasser legen.
- Sud etwa zwei Wochen stehen lassen, regelmäßig umrühren, bis er nicht mehr schäumt und durchgegoren ist. Zugabe von Gesteinsmehl mindert den strengen Geruch.
- Netz mit den Blättern am besten mit Handschuhen aus dem Eimer herausnehmen. Das ausgelaugte Grün entsorgen Sie auf dem Kompost, das Netz in der Mülltonne.
- Verdünnen Sie die Jauche etwa 1:10 mit Regenwasser und gießen Sie damit nur den Wurzelbereich der Pflanzen.

PFLANZENBRÜHE

Zum vorbeugenden Pflanzenschutz und zur Abwehr von Blattläusen reicht ein 24-stündiges Einweichen der Kräuter in kaltem Regenwasser bereits aus, eine Pflanzenbrühe muss nicht gären. Anschließend den Sud aufkochen und bis zu 30 Minuten bei niedriger Hitze ziehen lassen. Danach im Verhältnis 1:10 bis 1:20 mit Wasser verdünnen und erkaltet mit einer Sprühflasche direkt auf die Blätter spritzen.

SIEBE ZUM TROCKNEN VON SAATGUT

Die einfachste Art, Saatgut zu trocknen, ist an der Luft im Freien oder falls vorhanden auf dem Dachboden. Je mehr Luft an das einzelne Samenkorn kommt, umso größer ist der Trocknungserfolg. Für die Trocknung kleinerer Samenmengen haben sich Siebrahmen mit Böden aus feinmaschigem Gewebe bewährt. Alte Mehlsiebe sehen also nicht nur äußerst dekorativ aus – sie sind auch gut zu gebrauchen. Küchen- oder Spielzeugsiebe funktionieren aber auch.

WIE DIE SAAT SO DIE ERNTE

Voll entwickeltes Saatgut bringt besser entwickelte Pflanzen hervor. Frisches Saatgut verspricht meist eine höhere Keimfähigkeit, der Anteil entwicklungsfähiger Samen im Saatgut ist also höher als bei bereits länger gelagertem Saatgut. Sorgen Sie zudem für Saatgut mit großer Reinheit.

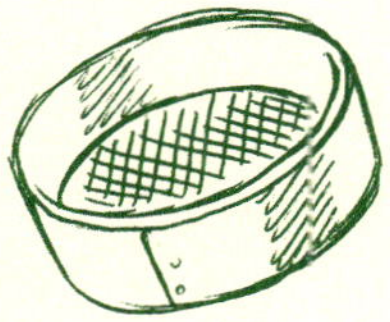

SO GEHT'S

- Den meisten Aussaaterfolg verspricht das Sammeln voll entwickelter und ausgereifter Samen. Warten Sie einfach ab, bis die Fruchtstände an der Pflanze getrocknet sind.
- Schneiden Sie die Stängel ab und schütteln Sie die losen Samen in ein Sieb.
- Für eine hohe Reinheit des Saatgutes Samen von Unkräutern und anderen Gartenpflanzen sowie Sand, Erde, Steine, Samenschalen und weitere Pflanzenreste entfernen.
- Saatgut in den Sieben belassen und an einem luftigen Ort zum Trocknen aufstellen.
- Ab und zu Saatgut kontrollieren und wenden, damit sich keine Pilze ansiedeln.
- Nach der Trocknung Saatgut verpacken (siehe Seite 48), kühl und trocken lagern.

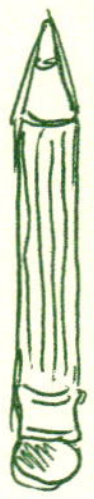

WAS BEDEUTET F1-HYBRIDE?

Sie zeichnen sich gegenüber normalen Sorten durch größere Blüten, Früchte, Widerstandsfähigkeit gegenüber Krankheiten u.Ä. aus. Bei diesen Pflanzen lohnt sich die Samenernte nicht. Die Nachkommen sind in ihren Erbanlagen uneinheitlich, der Leistungsabfall ist beträchtlich.

SAMENTÜTEN AUS PAPIER

Saatgut selbst ernten, um es im nächsten Jahr aussäen zu können, ist eine der spannendsten Gartentätigkeiten überhaupt und entspricht dem Kreislauf der Natur. Trockenes loses Saatgut oder in luftdurchlässige Papiertüten verpackte Samen sollten Sie in Einweckgläsern mit Gummi und Metallklammern lagern. Als zusätzliches Trocknungsmittel können Sie ein Päckchen Silicagel (aus einem Schuhkarton) mit hineinlegen.

SAATGUTLAGERUNG

Saatgut lässt sich hervorragend im Kühlschrank lagern. Zum Portionieren eignen sich Pergaminbeutel, die mit dicker PE-Folie umhüllt bzw. eingeschweißt werden. Feine Samen nicht direkt in Kunststoffbeutel füllen, sie laden sich sonst elektrostatisch auf.

SO GEHT'S

- Legen Sie ein rechteckiges, etwa A5-großes Stück Papier (z.B. einen Rest Geschenkpapier oder eine zurechtgeschnittene Papiertüte) mit der langen Kante vor sich hin und falten Sie es der Länge nach mittig zusammen.

- Den offenen Rand klappen Sie zweimal jeweils um 0,5 cm um. Das Ganze drehen, die doppelt gefaltete Kante liegt nun hinten oben.
- Am besten jetzt die Samentüte mit deutschem und/ oder botanischem Namen der Pflanze beschriften.
- Nun falten Sie auf der rechten Seite die äußere obere Spitze nach links unten bis zur Bruchkante.

- Die entstandene untere Spitze nach links oben knicken und in die zweimal gefaltete Kante schieben. Die Tüte ist nun auf der rechten Seite verschlossen.
- Saatgut an der offenen linken Seite einfüllen und das Falten auf dieser Seite wiederholen, nur seitenverkehrt: Obere linke Spitze bis zur unteren Kante falten, die entstandene Spitze nach rechts oben knicken und in die zweimal gefaltete linke Kante schieben.

SAATBÄNDER – SELBST GEMACHT

Saatgut von Tomaten und Zucchini lässt sich direkt auf Küchenpapier trocknen. Dort kleben die Samen fest und lassen sich im nächsten Jahr direkt mit dem Papier aussäen.

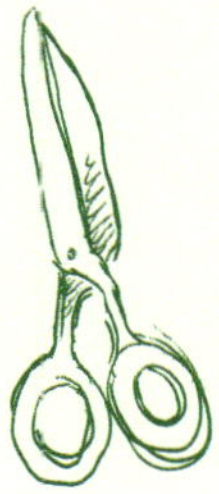

IN SACK UND TÜTEN

SCHUTZ IM WINTER

Frostharte Kübelpflanzen bleiben den Winter über im Freien. Da der Frost in Pflanzgefäße viel schneller und tiefer eindringt als in den gewachsenen Boden, sollten Sie Ihre Pflanzen schützen. Am bestens eignen sich isolierende Materialien und Jutesäcke. Füße aus untergelegten Ziegeln oder Styropor sorgen dafür, dass überschüssiges Wasser ablaufen kann, und verhindern das Festfrieren des Gefäßes auf dem Untergrund.

KUSCHELIG WARM

Zur Wärmeisolation lassen sich Verpackungsmaterialien wie Luftpolsterfolie, PE-Schaumfolie, Styropor u. Ä. verwenden, die in Versandpaketen zum Schutz stoßempfindlicher Produkte beigelegt werden. Einfach alles übers Jahr sammeln, dann haben es die Pflanzen im Winter kuschelig warm.

SO GEHT'S

Variante 1

- Umwickeln Sie einen Pflanzkübel, der im Freien überwintern soll, mehrfach mit geeigneten Folien.
- Binden Sie die Folien mit Schnur fest, damit sie nicht verrutschen können.
- Nun umwickeln Sie die Folien mit einem oder mehreren Jutesäcken und binden diese ebenfalls mit Schnur fest.
- Zum Schluss das Pflanzgefäß auf Füße aus Styropor, Holzscheiten oder Ziegelsteinen stellen.

Variante 2

- Stellen Sie das Pflanzgefäß in einen Jutesack.
- Den Zwischenraum zwischen Sack und Kübel mit Styroporplatten oder anderem losen Isoliermaterial auffüllen.
- Binden Sie den Jutesack am Pflanzgefäß fest, damit er nicht abrutschen kann.
- Zum Schluss das Pflanzgefäß auf Füße aus Styropor, Holzscheiten oder Ziegelsteinen stellen.

WINTERSCHUTZ FÜR ROSEN

Hochstämmchen lassen sich prima „unter die Haube“ bzw. unter den Jutesack bringen. Stülpen Sie einfach einen alten Kartoffelsack über ein Rosenstämmchen, füllen den Zwischenraum um den Stamm mit Reisig auf, unten zubinden – fertig!

MATE
Shake We
Once
refrig
sealabl
Une f
réfrigé
dans un con
Fresh fr
Heinz us
tomatoes f
fresh
then pack
Fraîcheu
Heinz utili
de qualité
fraîches
Toll Fre
877-57
Consigne là où pres
applicable

KAPITEL 02

HÜBSCH BEPFLANZT: ORIGINELLE PFLANZGEFÄSSE

Topfgärten machen einfach Spaß und passen sowohl auf Balkon und Terrasse, in den Garten oder einfach nur vor die Haustür. Als Pflanztopf lässt sich beinahe jedes Gefäß, ob Dose, PET-Flasche, Eimer, Kiste, Sack oder Handtasche verwenden. Die Materialien sind vielfältig: Jede Menge einst nützlicher Dinge kann umfunktioniert werden und kommt als Pflanzkübel zu neuen Ehren, selbst wenn es nur ein kurzes Zweitleben sein sollte.

FÜR TOPFGÄRTNER:

TIPPS ZUM PFLANZEN UND PFLEGEN

Wer gezielt nach Pflanzgefäßen Ausschau hält, sollte sich neben dem persönlichen Geschmack auch nach den Ansprüchen der Pflanzen, dem späteren Standort der Töpfe und der Verweildauer der Pflanzen im Gefäß richten.

Welches Pflanzgefäß soll es sein?

Pflanzgefäße sollten nicht zu klein sein und über Abzugslöcher verfügen, damit überschüssiges Wasser abfließen und sich keine Staunässe bilden kann. Achten Sie auf gut ausgewaschene Behälter. Sie sind der erste Schritt zum vorbeugenden Pflanzenschutz.

Das Pflanzen

Auf die Pflanzenqualität kommt es an: Verwenden Sie Pflanzen mit gut durchwurzelten Ballen ohne Anzeichen von Krankheiten oder Schädlingsbefall. Schauen Sie sich das Laub an: Es sollte grün bzw. sortentypisch gefärbt und ohne gelbe oder braune Veränderungen sein. Wählen Sie blühende Zier- und Gemüsepflanzen mit vielen Knospen aus. Verwelkte Blüten, beschädigte und trockene Blätter oder Triebe sollten Sie gleich entfernen.

Bedenken Sie bei der eigenen Anzucht auf der Fensterbank, dass die Jungpflanzen langsam auf die Bedingungen im Freiland eingestimmt werden sollten.

Pflanzen Sie möglichst Gewächse mit gleichen oder ähnlichen Ansprüchen an Licht, Temperatur und Feuchtigkeit in einen Kübel zusammen. Das erleichtert die Pflege und erhöht die gemeinsame Lebensdauer der Pflanzung. Die Pflanzabstände sind abhängig davon, wie stark die Kulturen wachsen und wie lange sie im Gefäß bleiben sollen.

HIER NICHT AUFS GELD GUCKEN

Verwenden Sie stets beste Pflanzerde und solides Werkzeug. Sparen Sie nicht bei den Anschaffungskosten, denn diese Investitionen zahlen sich langfristig aus.

SO GEHT'S

- Pflanzen, Dränagematerial wie Blähton oder Tonscherben, Erde und Pflanzgefäß bereitstellen.
- Pflanzen provisorisch in den Topf oder Kübel stellen – und zwar so, wie sie später eingepflanzt werden sollen – um zu entscheiden, ob Pflanzenanzahl und Gefäßgröße passen.
- Abzugslöcher im Topfboden mit Tonscherben und Dränage abdecken.
- Gefäß mindestens zur Hälfte mit Erde füllen.
- Trockene Wurzelballen vor dem Pflanzen in einen mit Wasser gefüllten Eimer eintauchen, bis keine Luftblasen mehr aufsteigen.
- Pflanzen austopfen. Sitzt der Wurzelballen fest im Topf, Topfrand kopfüber auf eine Tischkante aufstoßen. Löst sich der Ballen immer noch nicht, den Topf zerschneiden oder zerbrechen.
- Wurzelballen behutsam mit den Händen auflockern, um neues Wurzelwachstum anzuregen. Stark verfilzte Wurzelballen, vor allem von Gräsern, mit einem Messer einschneiden.
- Zuerst die größte Pflanze, dann die Begleitpflanzen im Kübel positionieren. Die Pflanzen dabei so tief wie vorher im Kulturtopf einsetzen, der Wurzelballen darf nicht mehr zu sehen sein.
- Zwischenräume mit Erde auffüllen, die Pflanzen gut andrücken.
- Erdreste von Blättern, Blüten und vom Gefäßrand entfernen.
- Einen Gießrand in die Erde drücken und Pflanzen behutsam angießen.

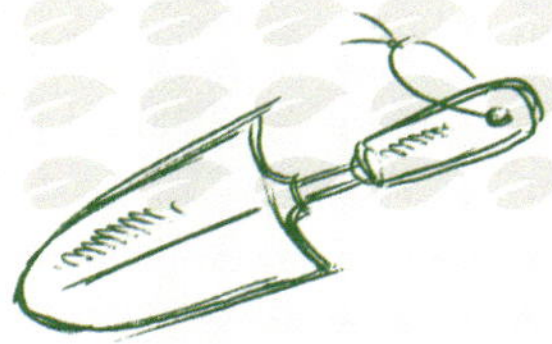

STICHTAG FÜRS FREILAND

Wärmeliebende Kulturen wie Tomaten, Kürbis und Zucchini sollten im Freiland nach dem 15. Mai, also der Zeit nach den Eisheiligen, ausgesät bzw. ausgepflanzt werden. Bei Spätfrösten werden sie einfach mit Vlies geschützt.

Wasser sparen und speichern

Gießen Sie möglichst am frühen Morgen oder auch abends, aber bitte nicht in der Mittagssonne, sonst drohen Verbrennungen an den Pflanzen. Bei kühlen Temperaturen müssen Sie weniger gießen.

Das Wasser sollte möglichst in die Erde, nicht auf die Pflanzenteile gelangen, das gilt besonders für Tomaten und Gurken wegen der Gefahr von Pilzkrankheiten.
Blähton und Tonmineralien können überschüssiges Wasser speichern und langsam wieder abgeben. Oder Sie verwenden Wasser-Speichergranulate aus dem Fachhandel. Sie können das Hundertfache ihres Volumens an Wasser speichern, welches dann wiederum zu 90 % für die Pflanzen verfügbar ist. Sie können diese Granulate vor dem Topfen einfach unter die Pflanzerde mischen, danach gut wässern.

Nach einem Regen lockern Sie die Erdoberfläche, das vermindert das Verdunsten des Wassers.

Wer mag, kann sich für eine automatische Bewässerungsanlage entscheiden. Diese können Sie entweder selbst austüfteln oder eine professionelle Variante wählen. Der Investitionsaufwand wird sich langfristig auszahlen.

Und nicht vergessen: Immergrüne Pflanzen in Pflanzkübeln sollten Sie auch im Winter gießen oder ein Vlies als Verdunstungsschutz über die Pflanzen legen.

REGENWASSER – EIN KOSTBARES GUT

Regenwasser sollte wenn irgend möglich gesammelt werden, es ist kostenloses und kostbares Gießwasser. Pflanzen vertragen es zudem besser als kalkhaltiges Leitungswasser. Nutzen Sie alle Möglichkeiten, um von Dachflächen sauberes Regenwasser aufzufangen und in Holzfässern, Zinkwannen oder Tonnen aus Kunststoff zu sammeln. Als Erdzisterne mit einem Auffangvermögen von 2000 l haben sich z.B. ehemalige Milchtanks bewährt.

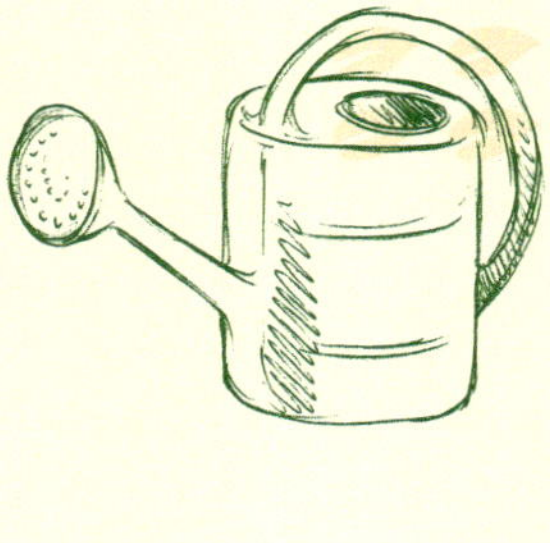

Nahrung für die Pflanzen

Kleine Gefäße mit wenig Erde – das heißt reichlich düngen. In guter Pflanzenerde ist für die ersten vier bis sechs Wochen alles drin, was die Gewächse brauchen. Am besten Sie bringen beim Pflanzen gleich einen Langzeitdünger ein, dann haben Sie bis zur Blüte bzw. Ernte keinen Düngeaufwand mehr. Mineralische Depot- oder Langzeitdünger geben ihre Nährstoffe in Abhängigkeit von Temperatur und Bodenfeuchte allmählich frei. Ansonsten regelmäßig Flüssigdünger verwenden. Achten Sie auf spezielle Dünger, z.B. für Gemüse, Blüh- oder Grünpflanzen, da die Ansprüche der Pflanzen an die Nährstoffe unterschiedlich sind. Organische Düngung erreichen Sie durch Kompost, Regenwurmhumus, Hornspäne, Pflanzenjauchen (siehe auch Seite 48) und andere Biodünger. Mediterrane Kräuter wie Lavendel, Salbei oder Thymian brauchen keinen Dünger.

Pflanzen pflegen

Neben gießen und düngen sollten Pflanzen regelmäßig auf Krankheiten und Schädlinge kontrolliert werden. Für reichlich Blüten und eine große Ernte sollten Sie welke Blüten und braune Blätter abknipsen, das fördert den Neuaustrieb.

Reiche Ernte im Topfgarten

Ernten Sie reife Früchte rechtzeitig. Auch Blumen dürfen öfter für die Vase geschnitten werden. So regen Sie die meisten Pflanzen zu neuem Austrieb und zur Bildung von Blüten und Früchten an. Ernterückstände und Grün von Schnittmaßnahmen werden kompostiert.

SAMMELSCHÄTZE

Was gefällt Ihnen am besten: Shabby Style, Vintage, Bauerngartenromantik oder lieber klares Industriedesign? Ländlichen Charme versprühen zum Beispiel alte Milchkannen, Körbe und braune Gurkentöpfe. Alte Stein- und Futtertröge gehören mittlerweile zu den begehrten Sammelobjekten. Passende Schnäppchen finden Sie beim Trödler, auf dem Flohmarkt, bei einer Haushaltsauflösung oder im eigenen Keller. Viel Spaß beim Suchen und Finden!

Was sammeln?	Wozu verwenden?
Stiefel, Schuhe u. Ä.	Pflanzgefäße
Runde Dachpfannen	Pflanzgefäße für Hauswurz & Co.
Gardinen	Gartenvlies zum Schutz vor Möhren- und Zwiebelfliege
Gemüse-, Frucht- und Weinkisten aus Holz	Pflanzgefäße, Hochbeete, Regale
Geschirr (Tassen, Kannen, Schüsseln u. Ä.)	Pflanzgefäße, Dekoration
Große Tontöpfe ohne Boden	Vorziehen von Rhabarber, Bleichen von Gemüse
Kartoffel-, Kaffee- und Reissäcke	Pflanzgefäße, Winterschutz
Kisten, Kästen, Eimer aus Kunststoff	Pflanzgefäße, Hochbeete
Koffer, Taschen, Körbe	Pflanzgefäße
Konservendosen, Keksdosen, Werkzeugkisten aus Metall	Pflanzgefäße
Küchenutensilien (Töpfe, Pfannen, Kellen, Backformen)	Pflanzgefäße
Palettenholz	Bau von Pflanzgefäßen und Hochbeeten
PET-Flaschen (siehe Seite 34)	Pflanzgefäße, Pflanzglocken, Schneckenschutz, Futtersilo
Regenrinnen	Pflanzgefäße für vertikale Gärten
Regenschirme	Temporäre Schattenspender, Regenschutz für Tomaten
Schubkarre, Kinderwagen, Einkaufswagen	Pflanzgefäße
Siebe aus Metall und Kunststoff	Pflanzgefäße für Ampeln
Tetrapaks	Pflanzgefäße (siehe Seite 28)
Zinkgefäße aller Art, wie Eimer und Wannen	Pflanzgefäße, Wasserspeicher, Dekoration

Kohlsack

KORBGEFLÜSTER

EIN TABLETT BLÜHT AUF

Korbwaren ohne Henkel, ohne Boden oder mit Loch werden meist schnell weggeworfen, da neue preisgünstig zu haben sind. Leider nimmt so auch die Wertschätzung für ein altes, aufwendiges Handwerk ab. Für Liebhaber der Korbmacherei strahlen aber ausrangierte Körbe oder Tabletts immer noch eine zeitlose Eleganz aus, zumal sie im Garten als Pflanzgefäß, Übertopf, Unkrautbehälter oder Staudenhalter gute Dienste leisten.

MIT SCHUTZ

Mit einem umweltfreundlichen Anstrich versehen halten Wäsche-, Picknick-, Fahrrad- und Einkaufskörbe noch einige Jahre länger. Sprühlack und -farbe funktionieren am besten. Nach der Grundierung einfach noch zwei weitere Schichten auftragen und vor dem Bepflanzen gut austrocknen lassen.

SO GEHT'S

- In den Boden des Tabletts Löcher bohren.
- Eine flache Schicht Blähton als Dränage auf das Tablett füllen und ein passendes Stück Vlies darüberlegen, damit die Erde sich nicht gleich mit der Dränage vermischt. Erde darüber verteilen.
- Stellen Sie die Pflanzen – hier sind es Hauswurzarten – zuerst mit Topf ins Tablett, um zu sehen wie es ausschauen kann. Achten Sie auf hübsche Pflanzengruppen und eine natürliche Wirkung.
- Nun die Pflanzen vorsichtig ins Tablett einsetzen.
- Viele kleine sowie einige größere Steine um die Pflanzen legen und eine Naturlandschaft nachahmen. In die Zwischenräume etwas Sand streuen.
- Vorsichtig angießen, damit die Erde nicht ausgeschlämmt wird.

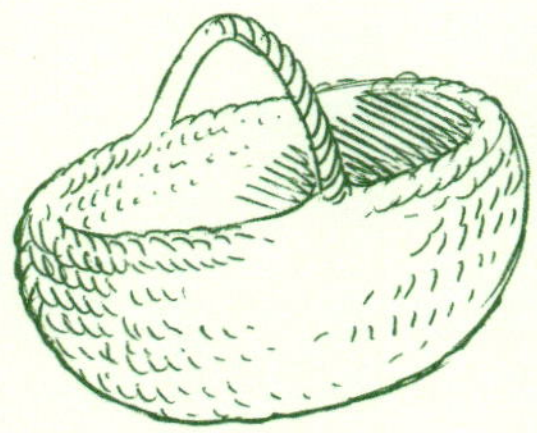

WEITERGEDACHT

Höhere Körbe ohne Böden sind perfekte Staudenhalter. Stellen Sie das Korbgerüst zu Beginn der Vegetationszeit um Ihre Staude. Dieses „Korbkorsett" ist zwar meist nur ein bis zwei Jahre haltbar, wirkt aber sehr natürlich.

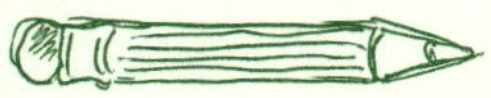

Konservendosen

Ob Linsensuppe oder Ravioli – in fast jedem Haushalt gibt es Konserven. Die leeren Büchsen eignen sich prima als Pflanzgefäße, wenn sie Löcher im Boden haben, damit überschüssiges Wasser ablaufen kann. Innen sind die Dosen meist beschichtet und lebensmittelecht, aber stellen Sie sie sicherheitshalber nicht ohne Untersetzer auf, damit es keine Rostflecken gibt. Falls die Dosen nicht beschichtet sind, kleiden Sie sie mit Folie aus.

PARADIESÄPFEL

Das klingt doch himmlisch – und so schmecken sie auch: Tomaten aus eigenem Anbau. Besonders kleinwüchsige Sorten wie ‘Rote Murmel’, ‘Jani’ oder ‘Gelbe Johannisbeertomate’ eignen sich gut für Topfgärten. Sie sind meist früher reif und süßer als ihre großen Schwestern.

SO GEHT'S

- Mit dem Bohrer Abzugslöcher in den Dosenboden bohren. Eine Schicht Blähton oder Tonscherben als Dränage einfüllen.
- Ein Stück Vlies darüberlegen, damit sich die Erde nicht mit dem Dränagematerial vermischt.
- Die Dose etwa zur Hälfte mit einer hochwertigen Erde füllen und Langzeitdünger in die Erde mit einarbeiten.
- Selbst angezogene oder beim Gärtner gekaufte Tomatenpflanze vorsichtig einpflanzen. Setzen Sie die Jungpflanze recht tief, so können sich an den Stängeln zusätzliche Wurzeln bilden.
- Pflanze gut angießen.

EMPFINDLICHE TOMATEN

Die Blätter von Tomaten sollten lieber nicht zu nass werden, denn viele Sorten sind anfällig für die Krautfäule. Lieber die unteren Blätter entfernen und Basilikum als essbare, hübsche Bodenabdeckung ansäen.

HOLZSTEIGEN

UND ANDERE GRÜNE SCHATZKISTEN

Obst- und Gemüsesteigen, Wein- und Champagnerkisten, Packkisten sowie ausrangierte Schubladen sind wahre Schatzkisten. Interessante Aufdrucke mit Jahreszahlen, Firmennamen und kunstvollen Umrandungen verstärken ihre charmante, leicht nostalgische Ausstrahlung. Wer sie nicht direkt bepflanzen möchte, verwendet sie als Tabletts für Töpfe und stilvolle Stillleben. Als Regal an der Wand bieten sie Stellfläche.

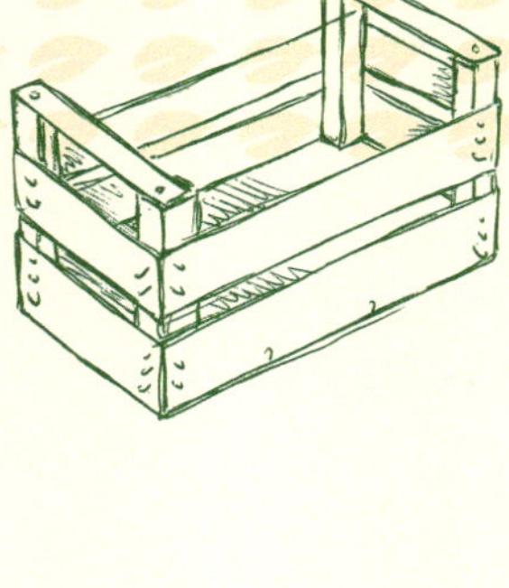

FÜR EIN LANGES LEBEN

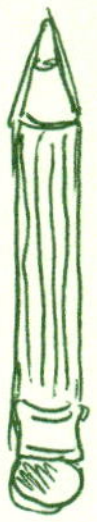

Bei längerem Aufenthalt im Freien sollten Sie die Kiste gegen Witterungseinflüsse schützen. Von außen hilft ein umweltfreundlicher Holzschutz, innen eine Auskleidung mit stärkerer Folie und Dränage. Je nach Standort wäre es ratsam, Löcher in den Boden zu bohren und die Kiste auf Füße aus Steinen, statt direkt auf den Boden zu stellen.

SO GEHT'S

- Lattenkisten mit Pappe, Pack- oder Zeitungspapier bzw. einer Folie auslegen, damit das Dränagematerial nicht durch den Boden fallen kann. Massive Holzkisten mit Bodenlöchern und einer Folie zum Schutz des Holzes versehen.
- Eine Schicht Blähton als Dränage in die Kiste füllen. Ein Stück Vlies darüberlegen, damit die Erde sich nicht mit der Dränage vermischt.
- Kiste etwa drei Viertel hoch mit hochwertiger Erde füllen.
- Nun Ihre ausgesuchten Pflanzen einpflanzen.
- Kiste von Erdresten säubern, Pflanzen angießen.

IN KISTEN AUSSÄEN

Schnell wachsende Salate, Schnittkohlsorten wie ‘Red Giant’, ‘Minzuna Early’ oder ‘Green Boy’, Spinat, Rote Bete und Mangold können Sie sofort in Kisten aussäen und später direkt ernten. Für ausreichend Wintergrün bereiten Sie die Kisten bereits im August vor: Säen Sie Feldsalat, Endivien, Winterportulak oder Zuckerhut-Salat aus. Bei starkem Frostwetter Pflanzen mit Vlies oder Folie abdecken oder unter Glas stellen.

AB IN DIE (KUNSTSTOFF-)KISTE!

Kunststoffkisten bieten sich besonders auf kleinen Flächen und an engen Durchgängen an. Ihre platzsparende, rechteckige Grundfläche fügt sich in jede Ecke ein und kann auch kleinste Räume mit frischem Grün beleben. Zudem sind sie lebensmittelecht, stapelbar, sehr robust und in vielen Farben und Größen erhältlich. Wer sie nicht hübsch genug findet, stellt sie in einen selbst gefertigten Kübel aus Holzresten.

FÜR BALKONGÄRTNER

Hochstämmchen sind wahre Platzsparer. Sie nutzen die Höhe und bieten an ihrem Fuß jede Menge Platz für Untermieter wie leckeres Gemüse, Kräuter, Erdbeeren und Blumen. Ob Mini-Apfelbaum oder Beerenstrauch, es gibt eine enorme Vielfalt an Naschobst.

SO GEHT'S

- Mit einer Bohrmaschine Abzugslöcher in den Kistenboden bohren.
- Eine Schicht Blähton als Dränage in die Kiste füllen.
- Ein Stück Vlies darüberlegen, damit die Erde sich nicht mit der Dränage vermischt.
- Die Kiste mit hochwertiger Pflanzerde etwa zur Hälfte füllen und gegebenenfalls Langzeitdünger einarbeiten.
- Hochstämmchen entweder mittig oder leicht zu einer Seite hin versetzt einpflanzen. So bleibt genügend Platz für die Unterpflanzung.
- Setzen Sie bodendeckende und überhängende Pflanzen ein, die den Gefäßrand schön überspielen.
- Den Kistenrand von Erdresten säubern und die Pflanzen angießen.

WINTERSCHUTZ

Wenn Sie – wie auf den Fotos zu sehen – die Kunststoffkiste in eine selbst gebaute Verkleidung aus Holz eingesetzt haben, legen Sie im Winter zwischen die Kistenwand und die Wand des Holzkastens Styroporplatten. Sie schützen so durch ihre isolierenden Eigenschaften die Pflanzenwurzeln vor Frostschäden.

BÄCKERKISTEN & CO.

Rot leuchtende Kunststoffkisten sind das Markenzeichen der Prinzessinnengärten in Berlin-Kreuzberg. Jeweils acht Kisten – vier unten, vier oben – auf eine Euro-Palette gestellt, ergeben ein Hochbeet, das überall aufgestellt werden kann. Eigentlich reichen zwei Kisten, die übereinander gestapelt werden. In der unteren verrotten Äste, Laub und Kompost, in der oberen wächst frisches Gemüse.

SO GEHT'S

- Die Wände beider Kisten mit Vlies oder stärkerer Pappe auskleiden.
- In die untere Kiste klein geschnittene Äste von Laubbäumen schichten. Mit Staudenschnitt, Laub und halbreifem Kompost auffüllen und einen Erdhügel anlegen.
- Die zweite Kiste auf die erste stellen, falls diese bereits am passenden Standort steht, sonst später aufeinandertürmen.
- Die obere Kiste mit reifem Kompost und hochwertiger Erde füllen.
- Beim Befüllen der Kisten darauf achten, dass die Erde beider Kisten nach dem Übereinanderstellen in Kontakt miteinander kommt, damit Regenwürmer von einer Kiste in die andere kriechen können.
- Ganz nach Belieben aussäen oder Jungpflanzen einsetzen.
- Zum Schluss alles gut angießen.

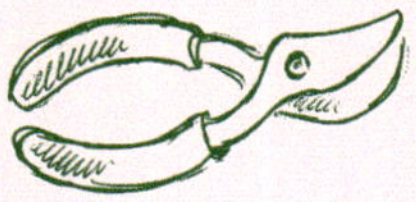

IMPROVISIERTE SITZMÖBEL

Bäckerkisten gibt es in unterschiedlichen Höhen. Sie können mit der Öffnung nach unten auch als Sitzmöbel fungieren. Bequeme Kissen drauf und Platz nehmen! Für die Gartenparty funktionieren auch Getränkekisten.

VOR- UND NACHTEILE DER KISTENWIRTSCHAFT

Die Spalten und Löcher in Kisten sorgen bei reichlich Niederschlag für einen guten Wasserablauf. Bei Trockenheit muss entsprechend mehr gegossen werden, bis die Erde wieder gleichmäßig feucht ist. Damit die Erde nicht herausfällt, einfach Pappe von innen an die Kistenwände legen.

HOCHBEET

ALLES IM EIMER!

Ob weiß, gelb, rot oder grün, klein oder groß – Farben, Größen und Formen von Kunststoffeimern sind vielfältig. Meist lebensmittelecht und mit Henkeln versehen eignen sie sich bestens als Pflanzgefäße. Auch Kartoffeln fühlen sich darin wohl. Die Pflanzkartoffeln in eine Schicht Erde legen und mit wenig Erde auffüllen. Zeigen sich erste Blätter, immer wieder Erde nachfüllen, bis sie sich auf Höhe des Eimerrandes ganz entfalten dürfen.

KEIN DRÄNAGEMATERIAL ZUR HAND?

Stellen Sie einfach ein bis drei kleinere gewöhnliche Pflanztöpfe aus Plastik verkehrt herum in den Kunststoffeimer und befüllen den Eimer wie gewohnt mit Pflanzerde. Der entstandene Zwischenraum sorgt zudem für gute Durchlüftung und gesundes Wurzelwachstum.

SO GEHT'S

- Deckel, falls vorhanden, vom Eimer nehmen und mit einer Bohrmaschine mehrere Löcher in den Boden bohren.
- Dränagematerial auf den Boden legen. Vlies darüberlegen, damit Erde sich nicht mit der Dränage vermischt.
- Eimer bis etwa zur Hälfte mit hochwertiger Pflanzerde füllen, auf Wunsch Langzeitdünger einarbeiten.
- Selbst gezogenes oder in der Gärtnerei ausgewähltes Beerenobst, Gemüse, Kräuter oder Sommerblumen in den Eimer pflanzen. Falls Sie mehrere Exemplare zusammenpflanzen, lassen Sie ausreichende Abstände zwischen den Pflanzen, damit sie sich optimal entwickeln können.
- Pflanzung angießen und an einen sonnigen Platz stellen.

UNTERSETZER

Entweder verwenden Sie die flachen Eimerdeckel als Untersetzer oder Sie stellen Ihren bepflanzten Eimer in einen zweiten Eimer. Mit farbigen Eimern lassen sich Minigärten besonders kreativ gestalten.

STÜHLE NEHMEN SIE PLATZ!

Ganz gleich aus welchem Material – Holz, Metall, Korb oder Kunststoff – Sitzmöbel wirken sehr einladend. Anstelle luxuriöser Teakholzmöbel erfüllen auch schlichte Varianten ihren Zweck und erweitern Garten und Balkon zum Wohnraum im Grünen. Zudem können sie mit Farbe, Lack, Papier, Kissen oder Pflanzen individuell aufgepeppt oder mit Hussen verkleidet werden.

STUHLPARADE

Völlig unterschiedliche Stühle im bunten Mix um einen Tisch herum platziert machen aus einer sonst gewöhnlichen Tischrunde eine individuelle Gesellschaft. Mehrere Stühle, in Reihe eng zusammengestellt, ersetzen sogar Bänke. Besondere Stühle wirken als Solisten am besten.

ERSTAUNLICH VIELSEITIG

Stühle können sowohl mit saisonalen Beet- und Balkonpflanzen als auch mit Stauden als dauerhafte Bepflanzung bestückt werden. Außergewöhnlich gut funktionieren bei voller Sonne Hauswurz & Co.

SO GEHT'S

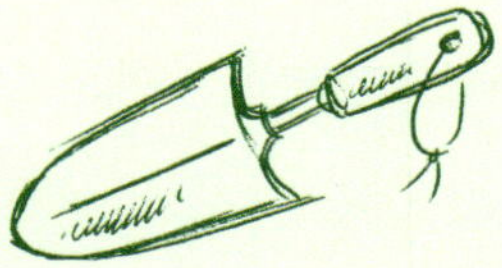

- Bei Polsterstühlen das ganze Polster samt eventuell vorhandener Sprungfedern bzw. bei Stühlen aus Massivholz die Sitzfläche entfernen.
- Entweder ein in den Stuhlrahmen passendes, flaches Gefäß einhängen oder unter der Sitzfläche eine Holzplatte, mit Leisten befestigen, sodass ein Pflanzkasten von mindestens 8 cm Höhe entsteht.
- In Abhängigkeit vom späteren Standort Löcher in die Holzplatte bohren und eine mit Löchern versehene Folie einlegen.
- Den Stuhl mit einer flachen Dränageschicht versehen und dann Erde auffüllen.
- Pflanzen vorsichtig in den Stuhl einsetzen und angießen, danach die neue grüne „Sitzfläche“ auf Wunsch mit Steinen oder dekorativen Wurzeln ausgestalten.

SEDUMSTUHL

KINDERWAGEN

IMMER DER SONNE NACH

Ein ausrangierter Kinderwagen oder der ungenutzte Buggy sind echte Hingucker im Garten. Zudem ist es einfach praktisch, wenn originelle Pflanzgefäße ohne Einsatz großer Muskelkraft den Standort im Garten wechseln können. Das gilt auch für abgelegte Damenhandtaschen mit Griff, Einkaufswägen oder alte (Kinder-)Schubkarren. Nostalgische Modelle sorgen dabei für ein bisschen Retrolook zwischen den Gartenbeeten.

SONNENKINDER ODER SCHATTENPARKER?

Wenn Sie Sommerblumen oder sonnenhungrige Tomaten gepflanzt haben, können Sie den Wagen immer wieder der Sonne hinterher schieben. Schattenliebende Pflanzen freuen sich, wenn Sie immer wieder ein schattiges Plätzchen zugewiesen bekommen.

SO GEHT'S

- Je nach Bodenbeschaffenheit des Wagens mit der Bohrmaschine Abzugslöcher bohren.
- Eine Schicht Blähton als Dränage hineinfüllen. Vlies darüberlegen, damit sich die Erde nicht gleich mit dem Dränagematerial vermischt.
- Den Wagen mit hochwertiger Pflanzerde füllen. Am besten dabei gleich einen Langzeitdünger einarbeiten.
- Selbst gezogene oder in der Gärtnerei gekaufte Pflanzen vorsichtig einpflanzen und gut angießen. Gemüse, Kräuter und Sommerblumen an einen sonnigen Platz stellen.

ROLLEND IN DEN WINTER

Wenn der Kinderwagen oder Buggy mit frostempfindlichen, bei uns nicht winterharten Pflanzen bestückt ist, kann er über Winter einfach in die frostgeschützte Garage gerollt werden. Praktisch, oder?

KAPITEL 03

DEKO FÜR UND AUS DEM GARTEN

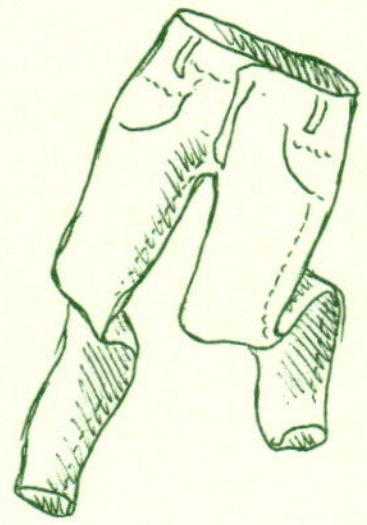

Gärtnern soll in erster Linie Freude machen und zur Entspannung beitragen. Wenn uns der Garten obendrein noch zum Schmunzeln bringt, ist es umso besser. Wie wäre es, wenn Sie Alltagsgegenstände neu interpretieren würden? Für den einen ist es Kunst, für den anderen Kitsch – für Gesprächsstoff sorgen kreative Dekorationen und skurrile Sammlerstücke allemal.

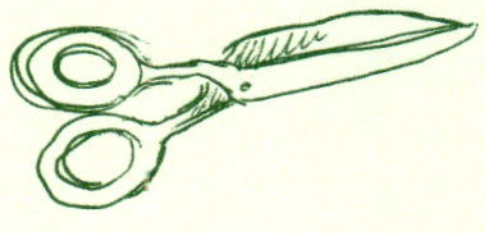

FAST ALLES IST GEEIGNET

Nicht nur das Aussehen, sondern auch das Anfühlen im Sinne von Wohlfühlen sind wichtige Kriterien bei der Auswahl der Gartendeko. So können Sie sich das Schaffen und Leben im Freien angenehm und unkompliziert gestalten.

Verwandeln Sie Ihr grünes Refugium mit Flohmarktschätzen, selbst gefertigten Upcyclingideen und Erinnerungsstücken in ein individuelles Schmuckstück, in dem Sie sich zu Hause fühlen.

Gartenutensilien vergangener Zeiten

Einstige Gartengerätschaften passen nicht mehr recht in unseren Gartenalltag: zu schwer, zu unhandlich, zu platzraubend. Bunt, leicht und funktional sind die Eigenschaften der neuen Generationen aus Kunststoff. Im privaten Gartengrün können alte Tontöpfe, nostalgische Gießkannen oder antike Gartengeräte glücklicherweise trotzdem ein Zuhause finden: als Dekoration.

TON SAUGT WASSER AUF

Tontöpfe sollten vor der Bepflanzung in Wasser getaucht werden. Sonst entziehen sie der Pflanzerde Wasser und die frisch eingetopfte Pflanze kann verdursten. Umgekehrt kann ein feuchter Tontopf Wasser an die Pflanze bzw. an die Umgebung abgeben.

Ganz natürlich

Beim Pflegen und Ernten fällt im Garten jede Menge Pflanzenmaterial an. Wer im Biogarten mit der Natur gärtnert, kann fast alles verwenden – nicht nur für den Kompost oder als Mulchmaterial.

Gehölzschnitt eigent sich bestens für Kletterer wie Bohnen und Erbsen oder als Stütze für die Tomaten. Aus biegsamen Zweigen lassen sich hübsche Beeteinfassungen und Kunstwerke flechten. Häckselgut ist ein angenehmer Wegebelag und mit Rasenschnitt und Ernterückständen mulchen Sie Ihre Beete.

PFLANZEN RE- UND UPCYCELN

Aus 100 kg Grünabfall werden etwa 35 kg Kompost. Doch zuvor lassen sich vielfältige „Pflanzenabfälle“ im Garten oder auf dem Balkon verwenden, z.B. um Tieren Unterschlupf und Nistmöglichkeiten zu geben.

SAMMELSCHÄTZE

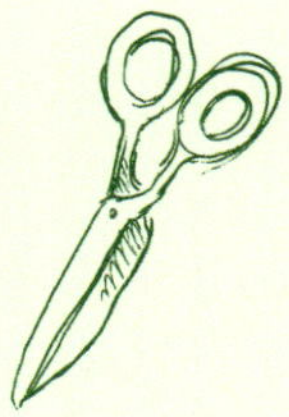

Was sammeln?	Wozu verwenden?
Bettgestelle	Dekoration, Kletterhilfen, gemütliches Plätzchen im Grünen
Dosen	Vasen, Geschenkverpackung
Fahrräder	Dekoration, Fahrradkorb und -gepäckträger bepflanzen
Fenster und Fensterläden	Dekoration
Gitterartige Obstkörbe von Physalis	Florale Steckhilfen, Pflanzkörbe für Blumenzwiebeln
Glasflaschen und Trinkgläser	Vasen
Kalender, Gartenzeitschriften	Manschetten für Blumensträuße
Kleidung wie Jeanshosen, karierte Hemden, dicke Pullover, Halstücher	Vogelscheuche, Gestaltung von Übertöpfen und Vasen, Pulswärmer für die Gartenarbeit
Metallschrott	Kunstobjekte
Natürliche Materialien, Schnittgut	Dekorative Pflanzenstützen, Unterbau für Vogelscheuche
PET-Flaschen	Futtersilo für Vögel
Spiegel	Dekoration, optische Erweiterung des Gartenraums
Tassen und Teller	Wasser- oder Futterstelle für Vögel, Vogelbad
Tetrapaks	Futtersilo für Vögel
Tische und Schränke	variable Dekorationsflächen

Schrottreif: Metallobjekte mit Patina

Wer die Patina von verwittertem Metall mag, dem bieten Flohmärkte und Schrottplätze einen reichhaltigen Fundus. Rostige Gegenstände fügen sich aufgrund ihrer warm wirkenden, rostbraunen Farbe perfekt in viele Gartensituationen ein und strahlen eine ruhige Natürlichkeit aus. Mit ihnen entstehen regelrecht Gartenkunstwerke.

Selbst Industrieschrott kann gut aussehen. Natürlich sollte der Garten kein Lagerplatz von Gerümpel werden, der Reiz liegt in der Kombination von Pflanzlichem und Metallischem.

DAS GEWISSE ETWAS

Mittig im Raum, am Ende von Blickachsen oder überraschend positioniert zieht Kunst alle Blicke auf sich. Nicht nur Statuen und Vasen, auch Garten- und Feldgeräte, nostalgische Öfen oder eigene Kunstwerke verleihen dem Garten Individualität.

KUNST VON DER STRASSE

Alte Verkehrs- oder Reklameschilder können durchaus Orientierung im Garten geben. Gezielt eingesetzt regen Sie zumindest zum Schmunzeln an.

GLASFLASCHEN ALS VASEN

Leere formschöne Gläser und Flaschen sind viel zu schade zum Entsorgen. Mit selbst gepflückten Blüten und Gräsern aus dem Garten sind sie schnell gefüllt und verzaubern jede Gartentafel – ob Kindergeburtstag oder Gartenparty. Und zum Ende des Festes darf sich jeder Gast sein Väschen als Erinnerung mit nach Hause nehmen.

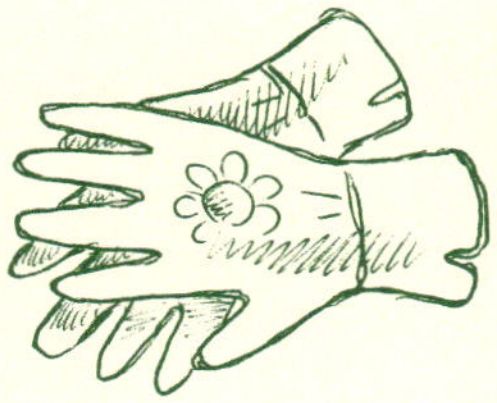

IN DER GRUPPE

Schlichte Glasflaschen wirken besonders gut in Reihe oder in Gruppen aufgestellt. Sie können auch mehrere Flaschen mit einem Gummiband und dekorativen Bändern zusammenfassen oder Sie stellen sie auf ein Tablett oder in einen Korb.

SO GEHT'S

- Mehrere Einweg-Glasflaschen derselben Art oder unterschiedlicher Sorten sammeln, von den Etiketten befreien und innen gut säubern.
- Flaschen mit abgestandenem und handwarmem Wasser füllen.
- Stiele von Blüten, Blättern und Gräsern mit einem scharfen Messer schräg anschneiden und in die Flaschenvasen stellen.
- Achten Sie beim Arrangieren auf eine schöne Höhenstaffelung der Blüten und Blätter.

WEITERGEDACHT

Formschöne Flaschen lassen sich perfekt zum Ansetzen selbst gemachter Öle oder Essige verwenden.
Einfach ausgesuchte Kräuter und Gewürze in die Flasche geben, mit Öl oder Essig aufgießen. Verschließen. Fertig!

Übertöpfe aus Jeans

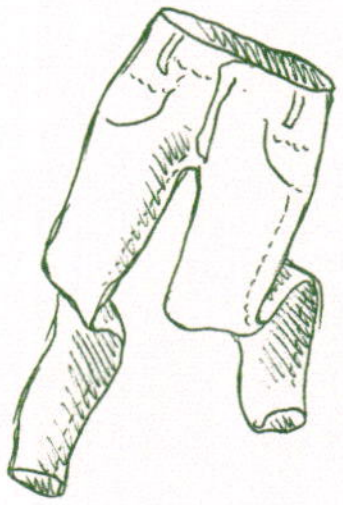

Der Stoff ehemaliger Arbeitshosen behält nach wie vor seinen Reiz und überzeugt durch hohe Robustheit. Abgeschnittene Hosenbeine lassen sich wie eine zweite Haut über nicht mehr ganz zeitgemäße oder angestoßene Blumenübertöpfe ziehen.

NEUER LOOK AUF DER FENSTERBANK

Geben Sie Ihren Übertöpfen auf der Fensterbank ein neues Aussehen! Mit pflegeleichten Zimmerpflanzen wie Bromelien, Phalaenopsis-Orchideen oder interessanten Sukkulenten – verbreiten sie auch an grauen Regentagen zu Hause gute Laune.

SO GEHT'S

- Jeanshosen in verschiedenen Größen und Farben sammeln. Die Hosenbeine auf die gewünschte Länge, also die Höhe des Topfes zuzüglich einiger Zentimeter für die Säume, abschneiden.
- Für einen sauberen Abschluss sollte der obere und untere Saum umgeschlagen und festgenäht werden.
- Den entstandenen Jeansschlauch über einen Übertopf stülpen. Je nach Geschmack den Stoff glatt oder in Falten über den Topf ziehen. Pflanze in den Übertopf stellen.
- Am besten wirken mehrere mit Jeansstoff aufgepeppte Gefäße in Reihe oder als Gruppe in verschiedenen Größen.

WEITERGEDACHT

Stoffüberzüge lassen sich auch aus anderen Stoffen im Nu herstellen. Hosen aus Cord, mit glänzenden Oberflächen, Mustern oder in tollen Farbprints erweitern den kreativen Spielraum und sind zugleich eine witzige Geschenkidee.

HEMDSÄRMELIG

HUSSEN FÜR TÖPFE UND VASEN

Ärmel von Hemden, Blusen, Kleidern oder Pullis lassen sich blitzschnell abschneiden und zum Umhüllen schmaler Gefäße, z.B. Glasflaschen, verwenden. Lassen Sie Ihrer Fantasie freien Lauf und kleiden Sie Alltagsgegenstände nach Lust und Laune kreativ ein. Und für die Gartenparty verwandeln Sie einfache Gläser mit zarten, durchschimmernden Stoffen in bezaubernde Windlichter.

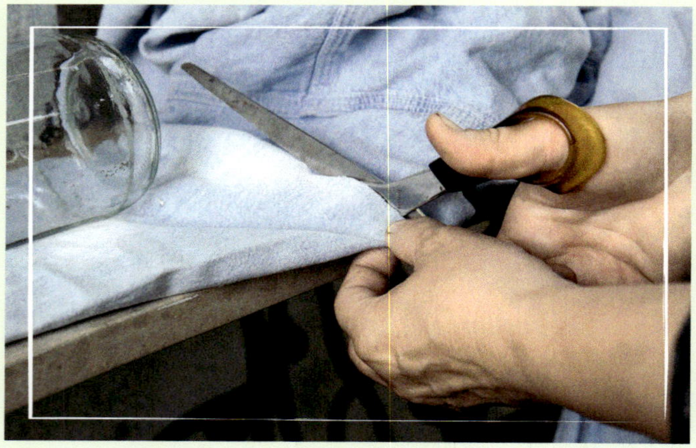

VERNÄHT UND ZUGEKNÖPFT

Die von den Ärmeln befreiten Kleidungsstücke lassen sich mit etwas Näherfahrung zu Kissen oder Stuhlhussen umnähen. Bleiben immer noch Reste übrig, können sie zu Patchworkdecken verarbeitet werden.

WARME HÄNDE

Sind die Hände kalt, macht auch das Gärtnern keinen Spaß. Für warme Hände lassen sich aus Ärmeln ausrangierter dicker Pullover wunderbare Pulswärmer nähen: einfach ein Stück Ärmel abschneiden, die Säume umschlagen und festnähen, damit nichts ausfranst. Selbst die Handschuhe der letzten Wintersaison können im Garten noch gute Dienste leisten.

SO GEHT'S

- Ärmel von Blusen, Hemden oder Pullovern auf die gewünschte Länge (Höhe der Glasflasche zuzüglich einiger Zentimeter für den Saum) abschneiden.
- Für einen sauberen Abschluss sollte die Schnittkante auf die linke Seite eingeschlagen und angenäht werden.
- Die Ärmelstücke mit der großen Öffnung über eine der Größe entsprechende Glasflasche stülpen. Die Ärmelmanschette zeigt nach oben.
- Wasser in die Glasflasche füllen, schöne Zweige oder Blüten hineinstellen.

Konservendosen

Dekoideen für den Garten

Die Allrounder aus Blech können pur, bemalt, mit Stoff, Servietten und Papier beklebt oder mit kulinarischem Aufdruck sofort als Ordnungshüter für Pflanzenschilder, Etiketten und Schnüre im Garten oder auf dem Balkon genutzt werden.

Als hübsche Blumenvasen oder Windlichter schmücken leere Konservendosen sogar Festtafeln im Freien. Selbst als Verpackung für selbst gebackene Plätzchen machen sie eine gute Figur.

KERZENRECYCLING

Sammeln Sie Kerzenreste und besorgen Sie sich im Bastelbedarf einen Docht. Schmelzen Sie in einem alten Topf die Kerzenreste im Wasserbad bei mittlerer Hitze.
Docht mit einem Stab mittig über der Dose fixieren und das flüssige Wachs vorsichtig hineinfüllen. Abkühlen lassen und fertig ist die selbst gemachte Recycling-Kerze.

SO GEHT'S

- Dose von Konservenfrüchten säubern. Etikett entfernen.
- Spitzenborte provisorisch um die Dose legen, die Länge ausmessen und zuschneiden.
- Mit Heißkleber oder geeignetem Leim die Borte nach Belieben auf die Dose kleben.
- Als Vase: Wasser hineinfüllen, Blumen im Garten oder auf dem Balkon schneiden oder kaufen, hübsch zum Strauß arrangieren und nostalgische Anhänger an der Dose befestigen.
- Für Leckereien: Vor dem Auffüllen der dekorierten Büchse mit Grissini, Plätzchen oder Pralinen die Dose vorher mit einem Stück Butterbrotpapier oder einer Serviette auskleiden.

LICHTERBÄUME

Bezaubernd wirken Dosen-Windlichter – besonders am Abend. Am Dosenrand zwei gegenüberliegende Löcher bohren und einen Drahtbügel aus Wickeldraht anfertigen. Teelichter hineinstellen und an Bäume hängen. Wer will, bohrt noch kleine Löcher als Muster in die Dosenwand.

FLORALE STECKHILFEN

Zum Stecken von Blumenarrangements wird meist Steckschaum verwendet. Haben Sie diesen nicht zur Hand, lassen sich mit gitterartigen Kunststoffkörben, in denen Physalisfrüchte verpackt werden, wunderbare Gestecke zaubern.

Auch Reste von Maschendraht, auf dem Gefäß befestigt oder als leicht zusammengedrücktes Knäuel innen hinein gelegt, sorgen dafür, dass eingesteckte Blütenstiele guten Halt bekommen und Sträuße nicht auseinanderfallen.

FÜR FRÜHLINGSBLÜHER

Die Obstkörbe eignen sich bestens zum Pflanzen von Blumenzwiebeln. Sie schützen die Zwiebeln und Knollen vor Wühlmäusen und gestatten auch einen schnellen Austausch der Frühlingsblüher.

BASIS FÜR GRABGESTECKE

Für Grabgestecke geben Sie ein Stück Steckmasse in ein Physaliskörbchen. Für größere Gestecke mehrere dieser Körbe mit Steckschaum vorbereiten, nebeneinanderlegen und mit einigen langen Holzstäben verbinden. Nun können Sie die Blumen hineinstecken.

SO GEHT'S

- Legen Sie den gitterartigen Obstkorb (z.B. Verpackung von Physalis) mit der Öffnung nach unten in ein hübsches Gefäß. Füllen Sie abgestandenes, handwarmes Wasser hinein.
- Schneiden Sie alle Stiele von Blumen und Blättern jeweils schräg mit einem Blumenmesser ab und stecken Sie die Stiele durch das Gitter. Am besten zuerst mit dem Grün beginnen, danach die Blüten arrangieren.

VOGELSCHEUCHE

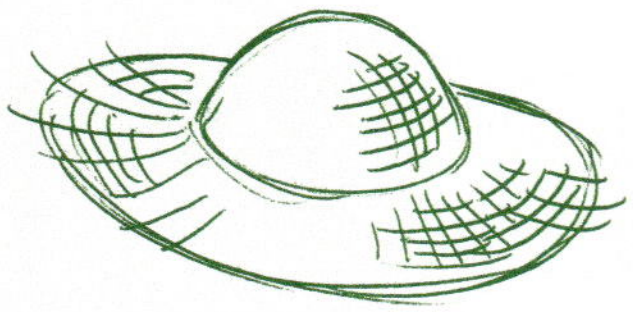

Vogelscheuchen sind Klassiker! Die Figuren aus Holzstangen und alter Kleidung sollen durch ihre Silhouette und Bewegungen im Wind hungrige Vögel aus den Gärten fernhalten. Wahrscheinlich gibt es sie bereits seit Beginn des Garten- und Ackerbaus. Auch wenn merkwürdiges Aussehen nicht immer abschreckend auf's Getier wirkt, sind die Vogelscheuchen im Spätsommer und Herbst allemal eine lustige Dekoration.

SO GEHT'S

- Verschrauben Sie zwei unterschiedlich lange Holzlatten zu einem Kreuz.
- Formen Sie mit Stroh einen Kopf, welchen Sie mit Sackleinen überziehen und mit Bindfaden verschnüren.
- Ziehen Sie der Vogelscheuche eine Hose an. Befestigen Sie sie mit Hosenträgern oder Strick am Lattengestell.
- Nun kleiden Sie die Vogelscheuche nach Lust und Laune mit Hemd, Weste und Jacke an. Schmücken Sie die neue Persönlichkeit mit Hut und Halstuch. Wer mag, gibt ihr noch einen Besen.

ABSCHRECKENDE EFFEKTE

Bereits Heinrich Heine versicherte „Doch lockt die Kirsche noch so sehr, die Vogelscheuche schreckt noch mehr". Bewegungs-, Licht- und Knalleffekte durch Flatterbänder, CDs oder Ketten aus Blechdosen können die Wirkung durchaus erhöhen.

FUTTERFLASCHE

ALLE VÖGEL SIND SCHON DA

Winterruhe im Garten – von wegen. An den Futterspendern aus PET-Flaschen herrscht munteres Treiben. Hängen Sie die Winterfütterung so auf, dass Sie die Vögel vom Zimmer aus gut beobachten können. Sie werden über die Vielfalt der gefiederten Gäste überrascht sein. Vielleicht bekommen Sie auch Lust, sich an der bundesweiten Vogelzählung „Stunde der Wintervögel“ des NABU am Jahresanfang zu beteiligen.

STAUDEN IM GARTEN

Pflanzen Sie reichlich Stauden im naturnahen Garten und auf dem Balkon. Die Fruchtstände sollten Sie über den Winter stehen lassen. Sie sehen nicht nur bei Raureif wundervoll aus, sondern bieten Vögeln Nahrung und Insekten Unterschlupf.

SO GEHT'S

- Bohren Sie mit einem Holzbohrer höhenversetzt jeweils zwei durch die gesamte PET-Flasche hindurchgehende Löcher. Hier werden später die Sitzstangen für die Vögel hindurchgeschoben.
- Oberhalb und unterhalb dieser Bohrungen weitere Löcher für die Futterentnahme bohren.
- Schieben Sie je einen Ast durch die gegenüberliegenden Löcher. Attraktiv sehen Hartriegel-Äste aus, diese sind je nach Art rot, grün oder gelb gefärbt.
- Verschluss von der Flasche drehen und handelsübliches Vogelfutter, wie Körnermischungen oder Sonnenblumenkerne, einfüllen. Das geht am besten mithilfe eines Trichters. Deckel auf die Flasche schrauben.
- Eine stabile Schnur anbinden und das Futtersilo nach Lust und Laune mit Zweigen dekorieren.
- Katzensicher an einem Baum aufhängen.

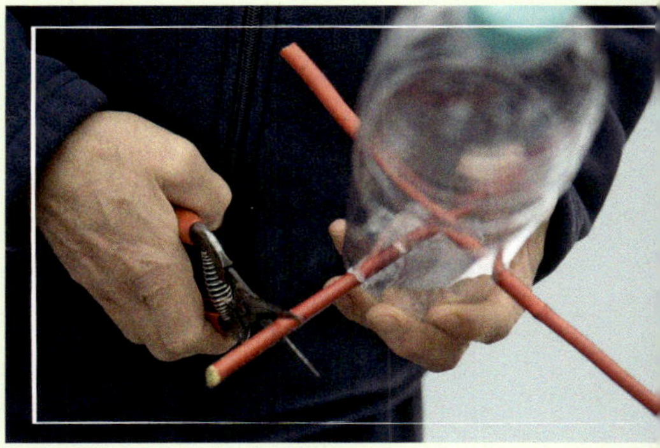

AUFGEPASST BEI WINTERSONNE

Hängen Sie das volle Futtersilo bei starker Sonneneinstrahlung ab. Denn Kondenswasser in der Flasche kann dazu führen, dass das Futter zu schimmeln beginnt. Den Futterspender am besten gleich an einen schattigen Platz hängen.

KAPITEL 04

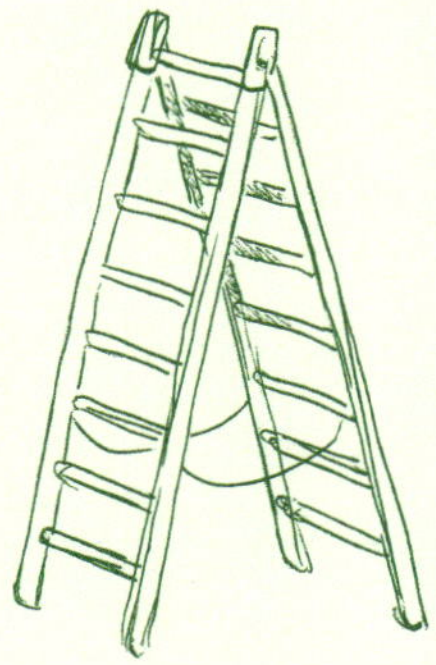

GARTENELEMENTE: SCHÖN UND NÜTZLICH

Ein Garten sollte sich entwickeln können und wachsen. Fangen Sie mit den wichtigsten Gestaltungselementen an und bauen Sie Ihren Traumgarten nach Lust und Geldbeutel aus. Nehmen Sie nur nicht alles von der Stange: Rasen, Koniferenhecke, Betonpflaster. Die Möglichkeiten sind weitaus vielfältiger und können ökologisch wertvoller sein. Individualität und Kreativität sind angesagt!

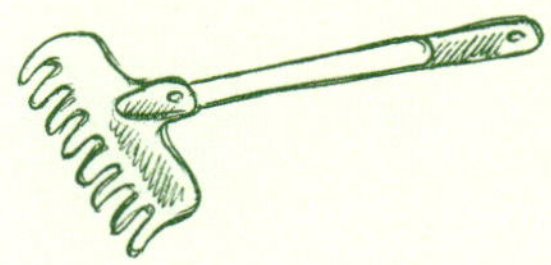

SAMMELSCHÄTZE

Statt im Baumarkt stöbern Sie lieber öfter mal in Ihrem Gartenschuppen, der Garage oder auf dem Flohmarkt herum. Bestimmt lassen sich dort echte Schätze finden. Wer Shabby Style und Vintage mag, braucht nicht zwingend alles aufpolieren und streichen. Meist sieht der Originalzustand am schönsten aus. Anregungen gibt Ihnen folgende Checkliste.

Was sammeln?	Wozu verwenden?
Dachziegel, Klinker, Schiefer	Wegbegrenzung, Wegebelag, Pflanzenschilder
Eisenzäune	Umzäunung, Kletterhilfe
Fenster	Abgrenzung
Fensterläden	Paravent, Sichtschutz
Gartengeräte	Kletterhilfe
Holzbretter	Gerätehaus, Wegumrandung, Trittfläche für Beete
Holzpaletten	Holzmöbel, Wandregal, Kompost, Wurmkiste, vertikale Pflanzkisten
Kabeltrommeln	Arbeitstisch, Etagere für Töpfe und Dekoration
Maschendraht, Baustahlmatten	Umzäunung von Beeten als Schneckenschutz
Sprungfedern	Umzäunung
Tische	Arbeitstische oder zur Dekoration
Tonnen aus Kunststoff oder Holz mit Deckel	Auffangen von Regenwasser
Topfdeckel aus Emaille	Beetbegrenzung, Abdeckung von Wasserfässern
Türen	Tischplatte, Sichtschutz
Waschmaschinentrommel	Miete für Gemüse
Wein- oder Olivenölflaschen	Wegbegrenzung, Pflanzenschilder, Sichtschutz

KANNENPARADE

ALLES PALETTI!

Aus stabilen Holzpaletten lässt sich ein idealer Kompostplatz einrichten – dieser darf in keinem Garten fehlen, denn hier wird das „Gold des Gärtners“ hergestellt. Je mehr Fläche Sie für ihn erübrigen können, umso besser. Ideal sind drei Kompostabteile, um den Kompost je nach Reifegrad gut umschichten zu können. Ein langes Brett über der Konstruktion sorgt zudem für eine tolle Ablagefläche für Blumentöpfe und Dekoration.

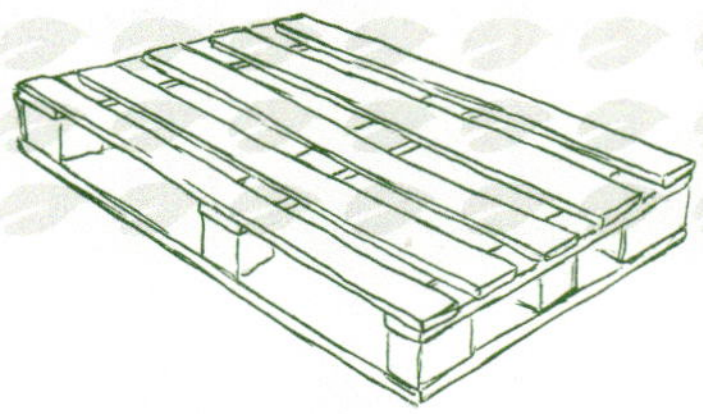

WO BEKOMME ICH PALETTEN?

Einwegpaletten gibt es kostenlos bei Bau- und Supermärkten. Für Mehrweg-Europaletten mit knapp 1 m^2 Grundfläche wird meist ein Pfand verlangt. Verwenden Sie nur Paletten aus unbehandeltem, unbeschädigtem Holz.

SO GEHT'S

- Sie brauchen sieben Europaletten: drei für die Rückwand, zwei für die Innenwände und zwei für die äußeren Seitenwände.
- Drei Paletten werden im Ganzen als Rückwand senkrecht nebeneinander aufgestellt, die Auflageflächen zeigen nach vorn. Verbinden Sie sie mit einer langen Latte und Schrauben auf der Rückseite.
- Entfernen Sie die „Füße“ von den zwei Paletten für die Innenwände. Die Auflageflächen der zwei Außenwände zeigen beim Aufbau jeweils nach innen, die „Füße“ nach außen.
- Die Paletten für die Außen- und Innenwände werden längs und rechtwinklig zueinander ausgerichtet, sodass drei gleich große Kompostabteile entstehen.
- Schrauben Sie alle Palettenteile, wie im Bild zu sehen, mit kleineren Winkelverbindern zusammen.
- Abschließend können Sie ein langes durchgehendes Brett waagerecht auf die drei Rückwände legen und festschrauben. Es gibt der Konstruktion mehr Stabilität und dient zugleich als Ablagefläche.

MÖBELKOLLEKTION

Aus Paletten lassen sich auch originelle Arbeitstische, Regale und Gartenmöbel bauen, die durch die Gebrauchsspuren einen besonderen Charme ausstrahlen. Auf Balkonien passt zwar kein großer Kompost, aber Platz für eine Wurmkiste aus Palettenholz gibt es allemal.

FRÜHER, SCHNELLER, LÄNGER

FRÜHBEET AUS ALTEN FENSTERN

Ein Frühbeet ist nichts weiter als eine Holzkiste mit durchsichtigem Deckel. Also warum nicht alte Fenster dafür verwerten? Meist haben sie genau die richtige Größe und sind auf einem in passender Größe selbst gezimmerten Kastengestell aus alten Bretter schnell montiert. Vorteil der Frühbeete: Sie können Salate & Co. früher, schneller und länger pflanzen und ernten. Oder sie verwenden es als Pflanzen-Kinderstube.

WÄRMENDER MIST

Füllen Sie Ihr Frühbeet im Frühjahr mit reichlich Pferdemist auf. Er heizt die darauf geschichtete Erde durch Verrottungswärme gut auf und sorgt für Nährstoffe. Das Frühbeet sollte regelmäßig gelüftet werden, um die Pflanzen abzuhärten und Pilzbefall zu verhindern.

SO GEHT'S

- Messen Sie Ihr Fenster aus und bauen Sie einen Holzkasten aus alten Brettern in passender Größe. Die zur Sonne gewandte Stirnseite sollte niedriger sein, sodass Sie die Seitenteile abschrägen müssen.
- Montieren Sie das Fenster mit Scharnieren auf das Holzgestell.
- Stellen Sie das Frühbeet mit der flachen Seite nach Süden ausgerichtet an Ort und Stelle auf.
- Legen Sie Holzkeile oder einen Tontopf als Stopper zum Lüften bereit, er wird bei Bedarf zwischen Fenster und Holzkasten geklemmt.
- Im Garten darf das Frühbeet auch gern auf Wanderschaft durch die Beete gehen. Zur Schattierung eignen sich Schilfrohrmatten, alternativ gebrauchte Bambusrollos.

WEITERGEDACHT

Ausrangierte Fenster sind auch für Hochbeete und Kistengärten eine ideale Ergänzung und verlängern die Erntezeit ungemein. Vertikal vor Wein- oder Kiwipflanzen angebracht sorgen sie für Kälteschutz im Winter.

WASCHMASCHINENTROMMEL

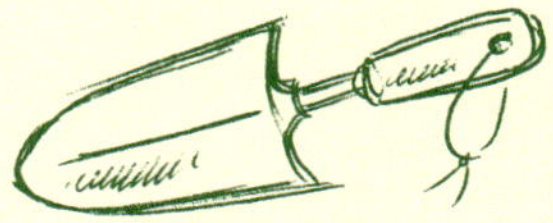

FRISCHES GEMÜSE STATT SCHMUTZIGER WÄSCHE

Große Ernte, aber keine Zeit zum Einkochen oder Einfrieren? Wurzelgemüse wie Möhren, Sellerie und Topinambur lässt sich in ausrangierten Waschmaschinentrommeln kühl, trocken und mäusesicher lagern – und zwar im Boden. Auch Kohlköpfe, von ihren Außenblättern befreit, überstehen in diesem Mietlager den Winter knackig und frisch. Die Miete kann selbst bei frostigem Wetter geöffnet und das Gemüse in die Küche geholt werden.

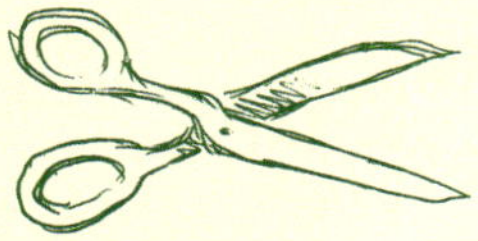

SO GEHT'S

- Heben Sie an einer auch im Winter gut zugänglichen Stelle im Garten ein ausreichend großes Erdloch aus.
- Stellen Sie die Waschmaschinentrommel mit der Öffnung nach oben hinein.
- Das von Erdresten und Blättern befreite, unbeschädigte Gemüse, z.B. Möhren, Sellerie, Topinambur und Rote Bete, sorgfältig übereinanderstapeln. Wer mag, kann das Gemüse mit einer trockenen Strohschicht abdecken.
- Den Deckel der Waschmaschinentrommel schließen.
- Die Miete mit einer wasserundurchlässigen Abdeckung, wie einem Brett, Folie oder einem nichtrostenden Zinkblech, vor Feuchtigkeit schützen.

WEITERGEDACHT

Auch mit Löchern versehene Kunststoffeimer und Regentonnen eignen sich als Miete. Zur Lagerung im Keller befüllen Sie Gemüsekisten mit Sand und schichten Ihr geerntetes Wurzelgemüse senkrecht hinein.

CHICOREE TREIBEN

Im Garten geerntete Chicoreewurzeln auf 20 cm einkürzen, senkrecht in mit feuchtem Sand gefüllte Kunststoffeimer setzen. Einen zweiten Eimer mit der Öffnung nach unten darüberstülpen. Bei 18 °C erscheinen nach drei bis vier Wochen erste Sprosse.

LEITERN, TREPPEN & CO.

Zum Verheizen sind Opas Ernteleiter, die alte Bodentreppe und Stehleitern viel zu schade, erinnern sie doch oftmals an die Kindheit und unbeschwerte Ferien bei den Großeltern. Mir schwebt der Duft von erntefrischen Äpfeln und frischem Heu schon bei ihrem Anblick in der Nase. Im Garten geben sie heute Kletterrosen und Clematis die Möglichkeit, die Höhe zu erobern oder platzsparend Raritäten in Szene zu setzen. Geht Ihr Apfelbaum eine Liaison mit einer Rose ein, wartet er zweimal im Jahr mit Blüten auf. Einfach eine alte Leiter als Kletterhilfe an die Südseite des Baumes stellen und eine Kletterrose mit etwas Abstand zum Baum davorpflanzen.

KRÄUTER TROCKNEN

Anlegeleitern lassen sich perfekt zum Trocknen von Strohblumen und Strandflieder nutzen. Ob hochkant oder kopfüber an einer Decke, bieten sie reichlich Platz, um Kräuter für die Hausapotheke, als Badezusatz oder leckeren Tee zu trocknen.

PFLANZENTHEATER

Pflanzensammler stellen ihre grünen Schätze besonders gern zur Schau. Abstellflächen auf Stehleitern werden für Aurikel und andere grüne Raritäten zur perfekten Bühne. Sie schaffen es, sich auf Augenhöhe mit dem Betrachter zu präsentieren.

DER RUNDE TISCH

Große Kabeltrommeln ab 70 cm Durchmesser sind wetterfest und überzeugen mit ihrem rohen Charme – perfekt zur Errichtung eines Arbeitstisches. Wollen Sie lange Freude an ihm haben, stellen Sie ihn auf Füße, damit die untere Holzplatte keinen direkten Bodenkontakt hat. Flache Steine, Klinker oder Holzlatten eignen sich bestens dafür. Gleichzeitig können Sie dadurch den Tisch auf die für Sie richtige Höhe bringen, um rückenschonend arbeiten zu können.

FÜR DEN FEINSCHLIFF

Beim Upcyceln von Kabeltrommeln sollten Sie raue, zersplitterte Stellen mit Schleifpapier abschleifen oder den oberen Rand mit einem Streifen Zinkblech ummanteln. Die untere Platte der Kabeltrommel bietet ausreichend Platz zur Aufbewahrung von Töpfen, Pflanzerden und weiteren Gartenutensilien.

SO GEHT'S

- Kabeltrommeln erhalten Sie von Baufirmen, im Elektrofachhandel oder mithilfe des Internets in verschiedenen Größen: Für die Herbstdekoration links auf dem Foto wurden zwei kleinere Kabeltrommeln mit einem Pappkern übereinandergestellt, sodass eine große Etagere entstand.
- Für sicheren Halt gibt es verschiedene Möglichkeiten: Entweder eine ebene Standfläche oder Sie führen ein stabiles Rohr durch die Mitte der beiden Kabeltrommeln als Verbindung oder Sie schrauben die zwei mittleren „Böden“ zusammen.
- Nun können Sie nach Lust und Laune mit Pflanzen und Früchten sowie schönen Gartenutensilien dekorieren.

WEITERGEDACHT

Kabeltrommeln sind perfekt als runde Tische. Laden Sie doch mal zur Kaffeerunde am grünen Tisch oder stilvoll zum Sektempfang am Stehtisch ein! Aber Augen auf: Kleinere Kabeltrommeln besitzen einen Kern aus Pappe.

HIER GEHT'S LANG!

WEGE AUS ABFALL

Ob im Garten, Gewächshaus oder Wintergarten, alte Klinker und Ziegelsteine wirken „very british" und zeitlos. Fragen Sie einfach bei Abbruchfirmen nach traditionsreichem Baumaterial. Ziegel- und Schieferbruch gibt es bei Dachdeckern. Mit etwas Glück erhalten Sie sogar ganze Schieferplatten oder alte Dachziegel für die Wegebegrenzung. Urlaubserinnerungen werden wach, wenn Sie Muscheln als Wegebelag nutzen. Für einen weichen Belag eignen sich Holzspäne.

INDIVIDUELLER FUSSABDRUCK

Fliesen, Kacheln, Mosaike, Flaschenböden, Porzellan- oder Tonscherben sorgen für mehr Lebendigkeit und Individualität beim Wegebau. Größere Trittplatten lassen sich gut einzeln in Kies oder Schieferbruch legen und wirken somit leichter.

SO GEHT'S

- Den geplanten Pflasterweg mit einer Schaufel ausschachten.
- Einen Untergrund aus Schotter oder Splitt einbauen, größere Wegeflächen mit einer Rüttelplatte (Leihgabe aus dem Baumarkt) verdichten.
- Äußere Wegekanten mit Schnur abstecken. Die Randeinfassungssteine, die bei Bedarf auch einbetoniert werden können, am besten zuerst verlegen.
- Auf die Wegefläche etwa 5 cm Sand aufbringen.
- Steine einzeln mit einem Gummihammer in das Sandbett klopfen, sodass sie noch etwa 2 cm über der fertigen Belagshöhe herausstehen. Mit einer Wasserwaage die gleiche Höhe der Steine überprüfen und wenn nötig korrigieren.
- Nach dem Setzen der Steine Sand darüber verteilen und mit einem Besen in die Fugen kehren. Die Fläche noch einmal abrütteln.

VIELE WEGE FÜHREN IN DEN GARTEN

Egal, ob Patchwork oder einfach geradlinig verlegt, Hauptsache, das Material ist widerstandsfähig, frostbeständig und bei Nässe relativ rutschsicher. Eine solide und sichere Begehbarkeit ist wichtig.

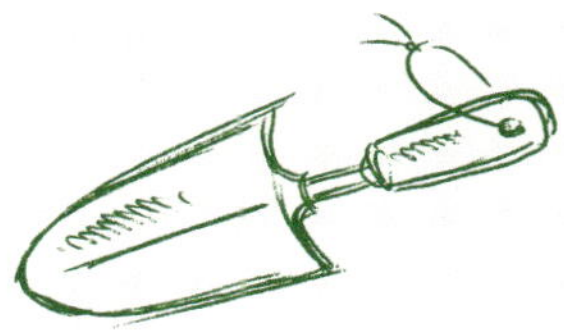

WEGEBEGRENZUNGEN

Randeinfassungen und Wegebegrenzungen erfüllen wichtige Aufgaben. Sie trennen und vermitteln gleichzeitig zwischen Beeten, Rasen und Wegeflächen. Neben senkrecht gestellten Schieferplatten, Klinker- oder Backsteinen, Abflussrohren aus Ton, Dachziegeln und umgedrehten Glasflaschen kann man in einigen Gärten noch weitere interessante Materialien entdecken. Halten Sie Ihre Augen offen!

GRÜNE WEGBEGRENZUNG

Bergenien eignen sich bestens als grüne Wegbegleitung und zeigen Ihnen auch im Winter, wo es langgeht. Im Frühjahr erfreuen viele Sorten mit Blüten, im Sommer mit grünem und im Herbst nach dem erstem Frost mit leuchtend rotem Laub.

SO GEHT'S

Schieferplatten

- Schieferplatten lassen sich ziemlich einfach als Umrandung in den Boden stecken. Achten Sie auf gleiche Höhe und Überlappungen der Platten, damit die Erde auch da bleibt, wo sie hingehört: ins Beet.

Dachziegel

- Die Allrounder können gestapelt, hintereinander geschichtet oder einzeln hochkant Beete und Wege voneinander trennen.
- Als kleine Mauer aufgeschichtet bieten gebrauchte Ziegelsteine jede Menge Schlupflöcher für Eidechsen und anderes Kleingetier.

Flaschen

- Ab jetzt werden Weinflaschen gesammelt und mit dem Flaschenhals nach unten in den Boden gesteckt! Natürlich nur an Stellen, wo Sie nicht ständig darüberlaufen oder mit der Schubkarre fahren müssen. Im Sonnenlicht strahlen sie Ihnen geradezu entgegen und erinnern an schöne Abende.

DER WEG IST DAS ZIEL

Lassen Sie einmal die Möglichkeiten der Wegeführung vor Ihrem geistigen Auge entstehen! Möchten Sie schnell und geradlinig zum Haus oder Geräteschuppen gelangen oder lieber gemächlich schlendern? Für ein meditatives, bewusstes Ankommen entscheiden Sie sich für bogenförmig angelegte Wege.

KAPITEL 05

SERVICE

Ihre Lust auf Upcycling ist geweckt? In den nachfolgend empfohlenen Büchern, Läden oder im Internet können Sie nach weiteren originellen Einfällen Ausschau halten oder in interessanten Blogs und Foren mit Gleichgesinnten Erfahrungen austauschen. Ausgewählte Adressen geben einen Überblick zu Bezugsquellen von Saat- und Pflanzgut.

WAS FIND ICH WO?

Sämereien und Pflanzen

Arche Noah – Gesellschaft zur Erhaltung und Verbreitung der Kulturpflanzenvielfalt (Bio-Raritäten)
Obere Straße 40, A-3553 Schiltern
www.arche-noah.at

Bingenheimer Saatgut
Kronstraße 24, 61209 Echzell-Bingenheim
www.bingenheimersaatgut.de

Bio-Saatgut
Eulengasse 3, 55288 Arnheim
www.bio-saatgut.de

Dreschflegel
In der Aue 31, 37213 Witzenhausen
www.dreschflegel-saatgut.de

Staudengärtnerei Gaissmayer
Jungviehweide 3, 98257 Illertissen
www.gaissmayer.de

Gärtnerei Haas
Obere Leberklinge 60, 97877 Wertheim
www.bioland-gaertnerei-haas.de

Bio-Gärtnerei Christian Herb
Heiligkreuzstraße 70, 87439 Kempten im Allgäu
www.bio-kraeuter.de

Herb's Bioland Gärtnerei & Pflanzenversand
Gemüsejungpflanzen und Kräuter
Stedinger Weg 16, 27801 Döttlingen OT Nuttel
www.herb-s.de

Lilatomate (Tomaten)
Goethestraße 9, 67459 Böhl-Iggelheim
www.lilatomate.de

Raritätengärtnerei Meergrün
Altenbergstraße 10a, 79219 Staufen
www.meergruen.de

Syringa Duftpflanzen & Kräuter
Bachstraße 7, 78247 Binningen
www.syringa-pflanzen.de

Thompson & Morgan
www.thompson-morgan.de

Raritätengärtnerei Treml
Eckerstraße 32, 93471 Arnbruck
www.pflanzentreml.de

VEN – Verein zur Erhaltung der Nutzpflanzenvielfalt e.V.
Sandbachstraße 5, 38162 Schandelah
www.nutzpflanzenvielfalt.de

VERN – Verein zur Erhaltung und Rekultivierung der Nutzpflanzen in Brandenburg e.V.
Burgstraße 20, 16278 Greiffenberg/Uckermark
www.vern.de

Aussaathilfen, Gartengeräte, Zubehör

Gartenwerkzeug
www.biogartenversand.de

Paper Potter, Papiertopfpressen aus Holz
www.manufactum.de

Erden, biologische Dünger
www.neudorff.de

Gartenfackel aus hochwertiger Keramik für Kerzenreste
www.schmelzfeuer.de

Läden, die einen Besuch wert sind

Designerlei
Escherholzweg 13, 82205 Gilching
info@designerlei.de

PLUP – Planet Upcycling
Ackerstraße 168 b, 40233 Düsseldorf
www.planet-upcycling.de

Upcycling-deluxe
Laden: Kastanienallee 22, 10435 Berlin

Flohmarkt: Berliner Mauerpark, jeden Sonntag 10–19 Uhr, auf dem Betonplatz Stand B16.
Onlineshop: www.upcycling-deluxe.com

The Upcycling Fashion Store
Anklamer Straße 17, 10115 Berlin
www.upcycling-fashion.com

Gärten, die einen Besuch wert sind

Staudengärtnerei Gaissmayer Illertissen
www.gaissmayer.de

O'pflanzt is – Gemeinschaftsgarten München
www.o-pflanzt-is.de

Prinzessinnengärten Berlin
www.prinzessinnengarten.net

ZUM WEITERLESEN

Autorenteam RHS 2015: Gärtnern im Topf, Dorling Kindersley.

Braungart, Michael; McDonough, William 2013:
Intelligente Verschwendung, Oekom.

Donath, Uta; von Rosenberg, Dorothée; Hauck, Eva;
Huboi, Claudia 2010: Recycled, Haupt.

Fowler, Alys 2008: Alys im Gartenland, Kosmos.

Groult Jean-Michel (2009):
Biogarten – Natürlich gärtnern, Kosmos.

Nomadisch Grün (Hrsg.) 2012: Prinzessinnengärten,
Anders gärtnern in der Stadt. Dumont.

Pearson, Philippa 2015: Kreative Pflanzideen.
Dorling Kindersley.

Walther, Beate 2015: Alles über Floristik, Ulmer.

Walther, Beate 2012: 50 blumige Kränze, Ulmer.

WEITERGEKLICKT

www.allupcycled.biz
Upcycling-Design.

www.designerlei.de
Neues aus gebrauchten Fahrradschläuchen.

www.mehr-gruen.de
Vertrieb von nachhaltig produzierten Gütern des täglichen Bedarfs.

www.upcyclingblog.de
Informationen zu Fachmessen, Designern und Produkten.

www.weupcycle.com
Zwei Wiener Designstudentinnen veröffentlichen Produkte, die aus Materialien und Objekten hergestellt wurden, die andere als wertlos erachten.

www.zweitleben.de
Online-Magazin Zweitleben zeigt, was aus Müll entstehen kann und wer dahinter steht.

Urban Gardening
www.netzwerk-balkongarten.blogspot.com
www.guerillagärtner.com
www.ackerhelden.de
www.urbanorganicgardener.com
www.gartenpiraten.net

www.gartengesellschaft.de
Gesellschaft zur Förderung der Gartenkultur: Projektideen und Praxistipps zum Gärtnern mit Kindern.

www.bag-schulgarten.de
Wissenswertes zu bundesweiten Schulgarteninitiativen der Bundesarbeitsgemeinschaft Schulgarten.

REGISTER

A
Abdeckhauben 34
Anzuchterde 15
Aussaat 15, 55
Aussaatschale 21

B
Basilikum 15
Beinwell 44
Bergenien 113
Beschriften 15
Besprühen 15
Besteck 36
Bindegarn 42
Blähton 29, 55, 61, 63, 65, 67, 75
Blattläuse 45
Bohnen 26
Brennnessel 44

C
Chicorée 105
Clematis 106

D
Dachziegel 110, 112, 113
Dosen 42, 62, 88
Dränage 29, 55, 61, 63, 65, 67, 71, 75
Düngen 44, 57
Dunkelkeimer 15
Duschhaube 16, 21

E
Eierkartons 30, 32
Eimer 33, 70
Einweckgläser 16, 48
Eisheilige 55
Endivien 65
Erbsen 26
Erdbeeren 45
Etiketten 36

F
F1-Hybride 47
Feldsalat 65
Flaschen 25, 36, 38, 82, 86, 111, 112
Flüssigdünger 57
Folie 16, 21, 23, 27, 49, 51, 62, 65, 72, 105
Frühbeet 15, 102
Futterflasche für Vögel 94

G
Gartenelemente 97
Getränkekartons 29
Gießen 16
Gläser 42

H
Hochbeete 103
Holzpaletten 100

J
Joghurtbecher 22
Jutesäcke 50, 51

K
Kabeltrommel 108
Kartoffeln 32
Kerzen 89
Kinderwagen 74
Kleidung 84, 86, 87
Kohl 104
Kompost 57, 79, 100
Konservendosen 62, 88
Körbe 60
Kräuter 57, 107
Kübelpflanzen 50
Kunststoffkiste 66
Kunststoffschalen 20
Kürbis 15

L
Langzeitdünger 57, 67
Leitern 106
Licht 16
Lichtkeimer 15
Luftpolsterfolie 51

M
Mangold 65
Miete 105
Möhren 104

N
Nährstoffe 16
Netze 44

P
Paper Potter 24
Papprollen 26
PET-Flaschen 34
Pflanzenbrühe 45
Pflanzenjauche 45, 57
Pflanzenschilder 36, 39
Pflanzenschutz 44
Pflanzgefäße 52, 54
Pflanzglocken 34
Pflanztasche 41
Pikieren 16
Pulswärmer 87

R
Randeinfassung 112
Regentonne 105
Regenwasser 56
Ringelblumen 15
Rosen 51, 106
Rote Bete 65

S
Saatbänder 49
Saatgut 15, 46, 48
Säcke 33, 51
Salat 15, 21, 65
Schachtelhalm 44
Schiefer 36, 39, 110, 112
Schnittkohl 65
Sellerie 104
Siebe 46
Sortenwahl 15
Spätfröste 33, 55
Spinat 65
Standort 16
Staudenhalter 61
Steckhilfen für Sträuße 90
Strümpfe 41
Strumpfhosen 40
Stühle 72
Styropor 51, 67

T
Tetrapaks 28
Tomaten 15, 17, 63
Tonscherben 36, 55, 63, 111
Topinambur 104
Torf 30
Treppen 106

U
Übertöpfe 84, 86

V
Vasen 82, 86, 88, 89
Vlies 33, 55, 56, 61, 63, 65, 67, 71, 75
Vogelscheuche 92

W
Waschmaschinentrommel 104
Wasser sparen 56
Wasser-Speichergranulate 56
Wicken 26
Windlichter 86, 88, 89
Winterportulak 65
Winterschutz 50

Z
Zeitungspapier 16, 24, 65
Zucchini 15
Zuckerhut-Salat 65

DIE AUTORIN

Beate Walther ist gelernte Gärtnerin. Die Floristmeisterin und Diplom-Agrarökonomin gibt ihr Wissen als Dozentin der Lehr- und Versuchsanstalt Gartenbau Erfurt und als Lehrbeauftragte für Schulgarten weiter. Sie arbeitet als Fachbuchautorin und für die Fernsehsendung „MDR – Garten“. Für die Themen Urban Gardening und Gärtnern mit Kindern engagiert sie sich in der Gesellschaft zur Förderung der Gartenkultur und der Bundesarbeitsgemeinschaft Schulgarten.

Sie erreichen Sie unter: walther@gartengesellschaft.de

DANK

Glücklicherweise gibt es wunderbare Menschen, die genauso gern natürlich gärtnern wie ich und mir kreative Inspirationsquellen sind. So sorgte nicht nur **Susanne** für stimmungsvolle Fotos. **Maria, Silvia und Uwe** haben ebenso zum Gelingen des Buches beigetragen. Herzlichen Dank an alle, die für mich da sind und gewerkelt haben, insbesondere an **meinen Mann**, der am liebsten immer schon vorgestern meine Ideen umsetzen sollte.

BILDQUELLEN

Alle Bilder von **Susanne Casper-Zielonka**, außer folgende:
Flora Press/Christine Ann Föll: Seite 78
FloraPress/TheGarden Collection/Jonathan Buckley: Seite 110
FloraPress/TheGarden Collection/Neil Sutherland: Seite 112
Gronau, Martina: Seite 40 re., 40 li.; **Kowalzik, Doris:** Seite 45 o.
mauritius images: Seite 8, 11, 113 u.
Möhrle, Bigi: Seite 52, 56, 59, 69, 74, 75
Walther, Beate: Seite 6, 7, 9, 38, 73, 79, 81, 99, 106 li.

IMPRESSUM

Die in diesem Buch enthaltenen Empfehlungen und Angaben sind von der Autorin mit größter Sorgfalt zusammengestellt und geprüft worden. Eine Garantie für die Richtigkeit der Angaben kann aber nicht gegeben werden. Autorin und Verlag übernehmen keinerlei Haftung für Schäden und Unfälle.

Bibliografische Information der Deutschen Nationalbibliothek

Die Deutsche Nationalbibliothek verzeichnet diese Publikation in der Deutschen Nationalbibliografie; detaillierte bibliografische Daten sind im Internet über http://dnb.d-nb.de abrufbar.

Wollgrasweg 41, 70599 Stuttgart (Hohenheim)
E-Mail: info@ulmer.de
Internet: www ulmer-verlag.de
Lektorat: Antje Krause, Doris Kowalzik
Umschlagentwurf, Innenlayout und DTP:
Dittus Design, Esslingen
Reproduktionen: Timeray, Herrenberg
Druck und Bindung: Firmengruppe APPL,
aprintadruck, Wemding
Printed in Germany

ISBN 978-3-8001-7630-4

Hier können Sie weiterlesen:

- Diese Hotels werden sicher besiedelt
- Nisthilfen für viele verschiedene Arten
- Anleitungen mit Zeichnungen und Checklisten

Vom Hotel im Eimer (in einer Stunde fertig!) bis zur Romantik-Herberge finden Sie Ideen für Stadtbalkon oder Terrasse, für Reihenhaus- oder Naturgarten. Mit klaren Schritt für Schritt-Anleitungen, Material-Checklisten und genauen Maßangaben für die Bauteile können Sie sofort loslegen.

Ideenbuch Insektenhotels. 30 Nisthilfen einfach selbst gebaut. Melanie von Orlow. 2013. 96 S., 20 Farbfotos, 70 Zeichnungen, geb. ISBN 978-3-8001-7878-0.

- Witzige, dekorative und artgerechte Bastelideen
- Häuschen für viele verschiedene Arten
- Anleitungen mit Zeichnungen und Checklisten

In diesem Buch steht genau, was das Herz von Kohlmeise & Co. begehrt. Vom Blumentopf-Häuschen über Bed & Breakfast bis zu Dornröschens Schloss finden Sie zahlreiche Ideen für Garten und Balkon. Mit den Schritt-für-Schritt-Anleitungen, Material-Checklisten und genauen Maßangaben für die Bauteile können Sie sofort loslegen.

Ideenbuch Vogelhäuschen. Stilvolle Nistkästen, Futterhäuser, Tränken. Sigrid Tinz. 2014. 96 S., 22 Farbfotos, 45 Zeichnungen, geb. ISBN 978-3-8001-8247-3

Ganz nah dran. Ulmer